普通高等教育"十二五"规划教材

Photoshop 图形图像处理教程

主　编　朱子江　廖晓芳

副主编　戴长秀　吴　芳　胡金霞

中国水利水电出版社
www.waterpub.com.cn

内 容 提 要

本书由多年从事平面设计教学的老师编写而成。全书共分为 13 章，从图形图像的基础知识入手，全面介绍了 Photoshop 软件的操作方法与使用技巧，内容包括图形图像的基础知识；Photoshop CS2 快速入门；辅助工具和颜色设置；创建和编辑选区；绘图工具；编辑和修饰图像；路径和矢量图形；文字在图像中的应用；图层；蒙版与通道；图像色彩和色调调整；滤镜；使用自动化功能，这些部分涵盖了 Photoshop 操作的各个方面。

本书可作为高等院校 Photoshop 基础课程的教材，也可作为广大设计爱好者的参考书籍，还可以作为各类 Photoshop 培训班的参考教材。

图书在版编目（CIP）数据

Photoshop图形图像处理教程 / 朱子江，廖晓芳主编
-- 北京 ： 中国水利水电出版社，2012.1
普通高等教育"十二五"规划教材
ISBN 978-7-5084-9314-5

Ⅰ . ①P… Ⅱ . ①朱… ②廖… Ⅲ . ①图象处理软件，
Photoshop－高等学校－教材 Ⅳ . ①TP391.41

中国版本图书馆CIP数据核字(2011)第273144号

策划编辑：陈宏华　　责任编辑：宋俊娥　　封面设计：李 佳

书　　名	普通高等教育"十二五"规划教材 **Photoshop 图形图像处理教程**	
作　　者	主 编　朱子江　廖晓芳 副主编　戴长秀　吴　芳　胡金霞	
出版发行	中国水利水电出版社 （北京市海淀区玉渊潭南路 1 号 D 座　100038） 网址：www.waterpub.com.cn E-mail：mchannel@263.net（万水） 　　　　sales@waterpub.com.cn 电话：（010）68367658（发行部）、82562819（万水）	
经　　售	北京科水图书销售中心（零售） 电话：（010）88383994、63202643、68545874 全国各地新华书店和相关出版物销售网点	
排　　版	北京万水电子信息有限公司	
印　　刷	三河市鑫金马印装有限公司	
规　　格	184mm×260mm　16 开本　14 印张　350 千字	
版　　次	2012 年 1 月第 1 版　2012 年 1 月第 1 次印刷	
印　　数	0001—3000 册	
定　　价	27.00 元	

前　言

Photoshop 是目前世界公认的权威性图形图像处理软件。它的功能完善，性能稳定，使用方便，所以在平面广告设计、室内装潢、数码相片处理等领域中成为不可或缺的工具。近年来，随着个人计算机的普及、使用 Photoshop 进行图像处理的用户也日益增多。

由于 Photoshop 的功能非常强大，初学者往往会迷失在众多的工具和命令之中，针对初、中级读者在学习 Photoshop 过程中的实际要求及问题，作者编写了这本书。希望通过学习本书，帮助读者快速了解图形图像的设计思路，熟练掌握各种工具及命令的功能与使用技巧，从而能够快速成长为一名具有创造力的平面设计人员。

本书由多年从事平面设计教学的老师编写而成。全书共分为 13 章，从图形图像的基础知识入手，全面介绍了 Photoshop 软件的操作方法与使用技巧，内容包括图形图像的基础知识；Photoshop CS2 快速入门；辅助工具和颜色设置；创建和编辑选区；绘图工具；编辑和修饰图像；路径和矢量图形；文字在图像中的应用；图层；蒙版与通道；图像色彩和色调调整；滤镜；使用自动化功能，这些部分涵盖了 Photoshop 操作的各个方面。

本书由朱子江、廖晓芳任主编，负责全书的修改、补充、统稿工作。戴长秀、吴芳和胡金霞任副主编。各章编写分工如下：第 1、7、12、13 章由廖晓芳编写，第 2、3、4 章由吴芳编写，第 6、9、10 章由戴长秀编写，第 5、8、11 章由胡金霞编写。参加本书大纲讨论工作的老师还有胡毅、刘东等，在编写过程中得到了彭志芳教授、熊匡汉教授的大力支持，在此一并表示感谢！

本书定位于 Photoshop 的初学者和具有一定经验的爱好者，适合各大中专院校和电脑培训学校作为教材使用。

由于时间仓促以及作者水平有限，书中难免有不妥之处，恳请读者与同行批评指正。

编　者

2011 年 12 月

目　　录

第 1 章　图形图像的基础知识

1.1　像素

像素是图像显示的基本单位。图像中显示的最小部分是一个小矩形或方形点，每一个小矩形或小方块就是一个像素。像素是两个单词的组合，即图像和元素。

像素的大小是以毫米（mm）度量的。每一个像素只显示一种颜色，像素的颜色是红、绿、蓝三种颜色的组合。系统最多分配三个字节的数据来指定某个单独像素的颜色，每个字节表示一种颜色。这些像素都有自己明确的位置和色彩数值，也就是说这些小矩形的颜色和位置就决定此图像所表现出的外观，真彩色（或 24 位色）显示系统的每个像素使用全部三个字节 24 位数，允许显示 1600 万种不同的颜色，大多数彩色显示系统的每个像素只使用 8 位数，最多提供 256 种不同颜色。文件的像素越多，文件就越大，图像质量就越好，如图 1-1 所示。

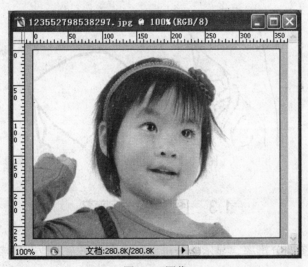

图 1-1　图像

1.2　位图与矢量图

1. 位图

位图图像也称格栅图像，它是由无数的彩色网格组成的，每个网格称为一个像素，每个像素都具有特定的位置和颜色值。

由于一般位图图像的像素非常多而且小，因此图像看起来比较细腻，但是如果将位图图像放大到一定比例，无论图像的具体内容是什么，看起来都将是像马赛克一样的一个个像素，如图 1-2 所示。

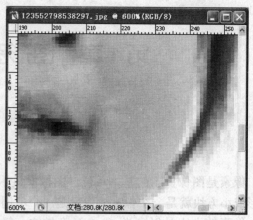

图 1-2　位图放大效果

2.　矢量图形

矢量图形是由数学公式所定义的直线和曲线组成的。数学公式根据图像的几何特性来描绘图像。

相对于位图图像而言，矢量图形的优势在于不会因为显示比例等因素的改变而降低图形的品质，如图 1-3 所示。

图 1-3　矢量图放大效果

1.3　图像的分辨率

常用的分辨率有图像分辨率、显示器分辨率、输出分辨率和位分辨率 4 种。

1.　图像分辨率

图像分辨率是指图像中每单位长度所包含的像素的数目。常以像素/英寸（ppi, pixel percent inch）为单位。

2.　显示器分辨率（屏幕分辨率）

显示器分辨率是指显示器中每单位长度显示的像素的数目。通常以点/英寸（dpi）表示。常用的显示器分辨率有：1024×768（水平方向上分布 1024 个像素，垂直方向上分布 768 个像素）、800×600、640×480。

3.　输出分辨率

输出分辨率是指照排机或激光打印机等输出设备在输出图像时每英寸所产生的油墨点数，通常使用的单位也是 dpi。

4. 位分辨率

位分辨率又称位深，是用来衡量每个像素所保存的颜色信息的位元数。例如一个 24 位的 RGB 图像，表示其各原色 R、G、B 均使用 8 位，三原色之和为 24 位。在 RGB 图像中，每一个像素均记录 R、G、B 三原色值，因此每一个像素所保存的位元数为 24 位。

1.4　图像的色彩模式

1. 位图模式

位图模式使用黑、白两种颜色值来表示图像中的像素。因此位图模式的图像也被称做黑白图像，在转换时只有处于灰度模式或多通道模式下的图像才能转化为位图模式。

2. 灰度模式

灰度模式的图像的每一个像素是由 8bit 的位分辨率来记录色彩信息的，因此可产生 256 级灰阶，灰度模式的图像只有明暗值，没有色相和饱和度这两种颜色信息。其中 0%为黑色，100%为白色，K 值是用来衡量黑色油墨用量的。使用黑白和灰度扫描仪产生的图像常以灰度模式显示，它是一种单通道模式。

3. 双色调模式

要转成双色调模式必须先转成灰度模式。双色调模式包括 4 种类型：单色调、双色调、三色调和四色调。双色调模式最主要的用途是使用尽量少的颜色表现尽量多的颜色层次，这对于减少印刷成本是很最要的，因为在印刷时每增加一种色调都需要更大的成本。这是一种单通道模式。

4. 索引颜色模式

索引颜色（8 位/像素）模式的图像与位图模式（1 位/像素）、灰度模式（8 位/像素）和双色调模式（8 位/像素）的图像一样都是单通道图像，索引颜色使用包含 256 种颜色的颜色查找表。此模式主要用于网上的多媒体动画，该模式的优点在于可以减小文件大小，同时保持索引颜色时，Photoshop CS2 会构建一个颜色查找表（CLUT）。如果原图像中的一种颜色没有出现在查找表中，程序会从可使用颜色中选出最接近的颜色来模拟这些颜色。颜色查找表可在转换过程中定义或在生成索引图像后修改。

5. RGB 模式

RGB 模式主要用于视频等发光设备：显示器、投影设备、电视、舞台灯等。这种模式包括三原色——红（R）、绿（G）、蓝（B），每种色彩都有 256 种颜色，每种色彩的取值范围是 0~255，这 3 种颜色混合可产生 16777216 种颜色。RGB 模式（理论上）是一种加色模式，因为红、绿、蓝都为 255 时，为白色，均为 0 时，为黑色；均为相等数值时为灰色，也可把 RGB 理解成三盏灯，当这三盏灯都打开，且为最大数值 255 时，即可产生白色。当这三盏灯全部关闭，即为黑色。在 RGB 模式下 Photoshop CS2 中所有的滤镜均可用。

6. CMYK 模式

CMYK 模式是一种印刷模式。这种模式包括四原色——青（C）、洋红（M）、黄（Y）、黑（K），每种颜色的取值范围为 0%~100%。CMYK（理论上）是一种减色模式，人眼理论上是根据减色模式来辨别色彩的。太阳光包括地球上所有的可见光，当太阳光照射到物体上时，物体吸收（减去）一些光，并把剩余的光反射回去，人们看到的就是这些反射光的色彩。例如，高原上太阳的紫外线很强，花为了避免烧伤，浅色和白色的花居多，如果是白色花则是花没有吸收任何颜色；再如自然界中黑色花很少，因为花是黑色意味着它要吸收所有的光，而这对花来说可能是花被烧伤。在 CMYK 模式下 Photoshop CS2 中有些滤镜不可用，而在位图模式和索引模式下所有滤镜均不可用。

在 RGB 和 CMYK 模式下大多数颜色是重合的，但有一部分颜色不重合，这部分颜色就是溢色。

7. Lab 模式

Lab 模式是一种国际标准色彩模式（理想化模式），它与设备无关，色域范围最广（理论上），包括人眼可见的所有色彩，它可以弥补 RGB 和 CMYK 模式的不足。该模式有 3 个通道：L 亮度，取值范围 0~100；a、b 色彩通道，取值范围-128~+127，其中 a 代表从绿到红，b 代表从蓝到黄。Lab 模式在 Photoshop CS2 中很少使用，它一直充当着中介的角色。

8. HSB 模式

HSB 模式是基于人眼对色彩的感觉。H 代表色相，取值范围 0%~360，S 代表饱和度（纯度），取值范围 0%~100%；B 代表亮度（色彩的明暗程度），取值范围 0%~100%；当全亮度和全饱和度相结合时，会产生任何鲜艳的色彩。在该模式下 Photoshop CS2 中有些滤镜不可用。

1.5 常用文件存储格式

1. PSD 格式

PSD 格式是 Photoshop CS2 软件自身的格式，这种格式可以存储 Photoshop CS2 中所有图层、通道和剪切路径等信息。

2. BMP 格式

BMP 格式是 DOS 和 Windows 平台中常用的一种图像格式。它支持 RGB、索引颜色、灰度和位图颜色模式，但不支持 Alpha 通道，也不支持 CMYK 模式的图像。

3. TIFF 格式

TIFF 格式是一种无损压缩格式（采用的是 LZW 压缩）。它支持 RGB、CMYK、Lab、索引颜色、位图和灰度模式，而且在 RGB、CMYK 和灰度三种颜色模式中还支持使用通道（Channel）、图层和剪切路径。

4. JPEG 格式

JPEG 格式是一种有损压缩的网页格式，不支持 Alpha 通道，也不支持透明。存储为此格式时，会弹出对话框，在 quality 中设置数值越高，图像品质越好，文件也越大。它也支持 24 位真彩色的图像，因此适用于色彩丰富的图像。

5. GIF 格式

GIF 格式是一种无损压缩（采用的是 LZW 压缩）的网页格式。支持 256 色（8 位图像）、Alpha 通道、透明和动画格式。目前，GIF 存在两类：GIF87a（严格不支持透明像素）和 GIF89a（允许某些像素透明）。

6. PNG 格式

PNG 格式是 Netscape 公司开发出的一种无损压缩的网页格式。PNG 格式将 GIF 和 JPEG 最好的特征结合起来，它支持 24 位真彩色，无损压缩，支持透明和 Alpha 通道。PNG 格式不完全支持所有浏览器，所以在网页中使用得比 GIF 和 JPEG 格式少，但随着网络的发展和因特网传输速度的改善，PNG 格式将是未来网页中使用的一种标准图像格式。

7. PDF 格式

PDF 格式可跨平台操作，可在 Windows、Mac OS、UNIX 和 DOS 环境下浏览（用 Acrobat Reader）。它支持 Photoshop CS2 格式所支持的所有颜色模式和功能，支持 JPEG 和 Zip 压缩，支持透明，但不支持 Alpha 通道。

8. Targa 格式

Targa 格式专门用于使用 Truevision 视频卡的系统，而且通常受 MS-DOS 颜色应用程序的支持。Targa 格式支持 24 位 RGB 图像（8 位×3 个颜色通道）和 32 位 RGB 图像（8 位×3 个颜色通道外加一个 8 位 Alpha 通道）。Targa 格式也支持无 Alpha 通道的索引颜色和灰色图像。以这种格式存储 RGB 图像时，可选择像素的深度。

第2章 Photoshop CS2 快速入门

2.1 Photoshop CS2 的启动与退出

要使用 Photoshop CS2，必须先掌握启动和退出它的方法。

1. Photoshop CS2 的启动

Photoshop CS2 的启动一般有以下 3 种方法：

- 双击桌面上 Photoshop CS2 的快捷方式图标。
- 选择【开始】|【所有程序】|【Adobe Photoshop CS2】。
- 双击任意一个扩展名为.PSD 的 Photoshop 格式的文件即可启动 Photoshop CS2，并打开该文件。

当使用上述 3 种启动方法中的任意一种后，系统将进入 Photoshop CS2 的初始化界面中，稍等片刻，即可进入 Photoshop CS2 的操作界面。

2. Photoshop CS2 的退出

退出 Photoshop CS2 主要有以下 3 种方法：

- 单击 Photoshop CS2 界面右上角的【关闭】按钮。
- 在 Photoshop CS2 界面中选择【文件】|【退出】命令。
- 按 Alt+F4 组合键。

2.2 Photoshop 操作界面介绍

在进入 Photoshop 后，打开一个图像，将会出现如图 2-1 所示的操作界面。

图 2-1 Photoshop 的操作界面

Photoshop CS2 的工作界面主要由标题栏、菜单栏、属性栏、工具箱、工作区、浮动面板以及状态栏组成，下面将分别介绍。

2.2.1　标题栏

Photoshop CS2 的标题栏与其他应用程序一样，用于控制 Photoshop CS2 的工作界面。单击标题栏左上角的 按钮，将弹出一个快捷菜单，用于对 Photoshop 的视窗进行移动、最小化、最大化和关闭等操作。

2.2.2　菜单栏

菜单是 Photoshop CS2 的重要组成部分。和其他应用程序一样，Photoshop CS2 根据图像处理的各种要求，将所有的功能命令分类，分别放在 9 个菜单中，分别为【文件】、【编辑】、【图像】、【图层】、【选择】、【滤镜】、【视图】、【窗口】及【帮助】菜单，如图 2-2 所示。

图 2-2　Photoshop 菜单栏

菜单栏中包括 Photoshop 的大部分命令，大部分功能可以在菜单的使用中得以实现。一般情况下，一个菜单中的命令是固定不变的，但是，有些菜单可以根据当前环境的变化适当添加或减少某些命令。下面简要地介绍各个菜单的主要用途。

1．【文件】菜单

【文件】菜单是所有菜单中最基本的菜单。该菜单下的命令主要用于文件本身、操作环境以及外设管理等。单击【文件】菜单，将弹出如图 2-3 所示的菜单命令。

2．【编辑】菜单

【编辑】菜单主要用于对选定图像、选定区域进行各种编辑修改操作。在 Photoshop 中经常要用到此菜单，而且此菜单的各个命令和其他应用软件中的【编辑】菜单的功能相差不大，此外它具有一些图像处理功能，如填充、描边、自由变换和变形等。单击【编辑】菜单，将弹出如图 2-4 所示的菜单命令。

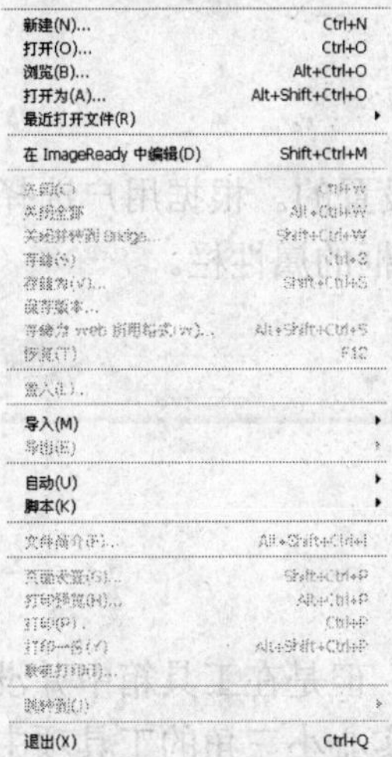

图 2-3　【文件】菜单 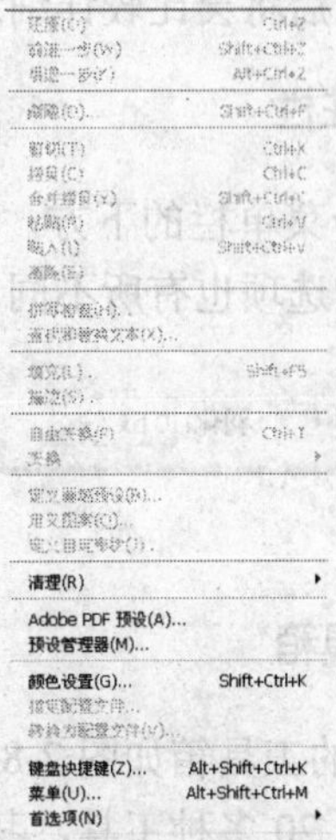　　　　　　　　　　　　图 2-4　【编辑】菜单

3.【图像】菜单

【图像】菜单主要用于图像模式、图像色彩和色调、图像大小等各项的设置。通过对【图像】菜单中的各项命令的应用可以使制作出来的图像更加逼真，运用【图像】菜单的某一个调节命令往往能使你的作品提高几个档次。用户只有掌握了【图像】菜单中的各项命令，才能创造出高质量的图像作品。单击【图像】菜单，将弹出如图 2-5 所示的菜单命令。

4.【视图】菜单

【视图】菜单提供一些辅助命令，它是为了帮助用户从不同的视角、不同的方式来观察图像。单击【视图】菜单，将弹出如图 2-6 所示的菜单命令。

图 2-5　【图像】菜单

图 2-6　【视图】菜单

5.【窗口】菜单

【窗口】菜单用于管理 Photoshop 中的各个窗口的显示与排列方式。它的命令比较简单，这里不再进一步介绍。

除了以上介绍的几个菜单外，还有四个菜单分别为【选择】菜单、【滤镜】菜单以及【帮助】菜单，在以后将会比较详细地进行介绍。

2.2.3　属性栏

属性栏位于菜单栏的下方，是专门用来对工具进行设置的。根据用户选择工具的不同，属性栏中显示的选项也有所不同，如图 2-7 所示是矩形选框的属性栏。

图 2-7　属性栏

2.2.4　工具箱

Photoshop 的工具箱如图 2-8 所示，它包括 58 种工具，但是在工具箱中并没有全部显示出来，只是显示了 20 多种工具，其他工具隐藏在带有黑色实心小三角的工具项中。

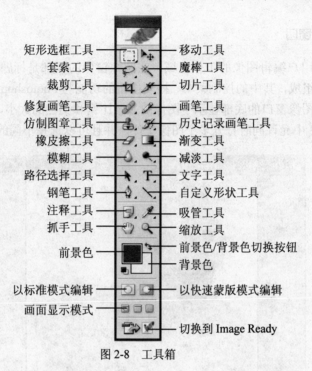

矩形选框工具 —— 移动工具
套索工具 —— 魔棒工具
裁剪工具 —— 切片工具
修复画笔工具 —— 画笔工具
仿制图章工具 —— 历史记录画笔工具
橡皮擦工具 —— 渐变工具
模糊工具 —— 减淡工具
路径选择工具 —— 文字工具
钢笔工具 —— 自定义形状工具
注释工具 —— 吸管工具
抓手工具 —— 缩放工具
前景色 —— 前景色/背景色切换按钮
—— 背景色
以标准模式编辑 —— 以快速蒙版模式编辑
画面显示模式 ——
—— 切换到 Image Ready

图 2-8　工具箱

打开这些隐藏的工具的方法有两种。

一种方法是将鼠标移到含有多个工具的图标按钮上,单击鼠标左键并按住不放,此时出现一个包含有多个工具的选择面板,如图 2-9 所示,拖动鼠标到用户要选择的工具图标处释放即可选择该工具。另一种方法是按住 Alt 键不放,单击工具图标按钮,可在多个工具之间进行切换。

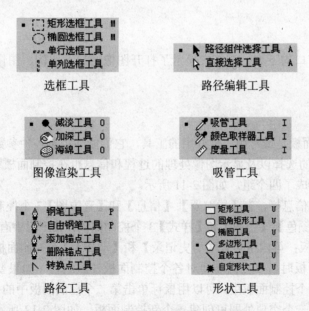

选框工具	路径编辑工具
图像渲染工具	吸管工具
路径工具	形状工具

图 2-9　工具箱部分打开的工具

如何知道工具的功能和快捷键呢?只要将鼠标放在工具按钮上停留几秒钟,鼠标旁边将出现一个工具名称的提示,提示括号中的字母便是该工具的快捷键。

2.2.5 图像窗口

图像窗口是用户编辑图像的工作区域。在图像窗口的顶部是标题栏，由控制菜单、图像标识和控制按钮组成，其中的控制菜单、控制按钮的功能与 Photoshop CS2 操作界面标题栏中的完全相同；在图像窗口的底部显示了图像的显示比例和文档的大小，如图 2-10 所示。另外在 Photoshop CS2 中允许同时打开多个图像文件，并且可以选择不同的排列方式。

图 2-10　图像窗口

2.2.6 状态栏

状态栏位于图像窗口的下方，在其中显示了打开图像的显示比例、图像文件信息、工作状态和工具提示。

2.2.7 控制面板

Photoshop 的控制面板是最常用、最好用的工具，它们能够控制各种参数的设置，设置起来非常直观，并且颜色的选择以及显示图像处理的过程和信息也在控制面板中体现。按照它们的默认设置，把它们分成了四个组，如图 2-11 所示。

第一组包含图像的信息栏，有【导航器】、【信息】和【直方图】3 个控制面板；第二组中主要是工具信息，有【颜色】、【色板】和【样式】3 个控制面板；第三组中有【图层】、【通道】和【路径】3 个控制面板；第四组中有【历史记录】和【动作】2 个控制面板。

用户在使用控制面板时可以根据需要对各个控制面板任意组合，如果要把【颜色】控制面板拿出来单独放在一个控制面板中，可以用鼠标单击第二个控制面板中的【颜色】标志按钮不放，然后拖动鼠标到一个空白处即可创建一个新控制面板，如图 2-12 所示。如果要合并一个控制面板，例如要把【颜色】控制面板放到第四个控制面板中，可以按住【颜色】按钮不放，然后把它拖到第四个控制面板的按钮栏处即可，如图 2-13 所示。

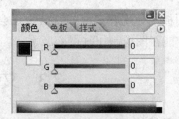

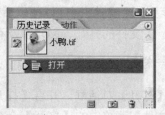

图 2-11　预置的控制面板

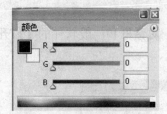

图 2-12　新创建的控制面板

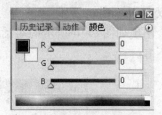

图 2-13　新合并的控制面板

　　如果用户已经更改了某些控制面板，现在要恢复到原来的设置，则只要选择【编辑】菜单的【首选项】命令的【常规】项，打开如图 2-14 所示的对话框，然后单击其中的【复位所有警告对话框】按钮，所有的面板都会恢复到预置状态。

　　还有一个与控制面板关系密切的命令就是【窗口】菜单中的命令，每一个控制面板在【窗口】中都有一个显示和隐藏的控制命令，如图 2-15 所示。如果某个控制面板，如【颜色】面板隐藏，单击【窗口】中的【颜色】命令，其前面显示"√"号，即可使该控制面板显示出来。

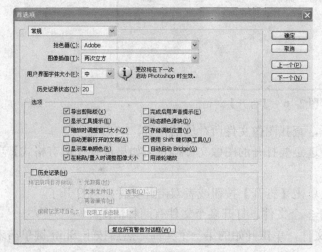

图 2-14　【常规】对话框　　　　　　　　　图 2-15　【窗口】菜单

关于控制面板的使用在后面的章节中还会具体地介绍，用户只有非常熟练地掌握了控制面板的使用后才能在图像制作时得心应手。

2.3　文件的存取

文件的存取是最基本的工作，在创建一个图像文件时，首先应该打开一个已有的图像或者创建一个空白的图像，然后编辑这个图像或者创作一个新图像。已经完成了一个图像的创作时，则要把它保存到一个文件夹中，以便以后继续编辑或者使用，这时要用到文件的保存命令。下面就分别介绍一下文件的打开、创建以及存储的基本操作方法。

2.3.1　打开一幅已有的图像

首先要打开【打开】对话框，开启【打开】对话框的方法有三种：
- 执行【文件】菜单中的【打开】命令。
- 按下 Ctrl+O 组合键。
- 双击 Photoshop 文件。

这时会出现如图 2-16 所示的对话框，这个【打开】对话框和一般软件的【打开】对话框的设置差不多。

图 2-16　【打开】对话框

（1）打开【查找范围】列表框，查找图像文件所存放的位置。

（2）在【文件类型】列表框中选定要打开的图像文件格式，如果选择【所有格式】项，则会将全部文件都显示出来。

（3）最后选中要打开的文件，单击【打开】按钮或者双击此文件即可打开了。

另外 Photoshop 还能一次性打开多个文件。打开多个文件有两种情况：
- 如果打开的是多个连续的文件，单击开始的第一个文件，然后按下 Shift 键单击末尾的最后一个文件即可。

- 如果打开的是多个不连续的文件，则在选中一个文件后按住 Ctrl 键继续选择其他的文件。

选定这些文件后，单击【打开】按钮或按下回车键即可按次序打开所选的文件。在打开多个文件时要注意，打开文件的数量及大小和机器的系统配置有关。如果超过了系统的配置，则可能连一个文件也无法打开。

2.3.2　创建一个新文件

（1）单击【文件】菜单中的【新建】命令或者按下 Ctrl+N 组合键，出现如图 2-17 所示的【新建】对话框。

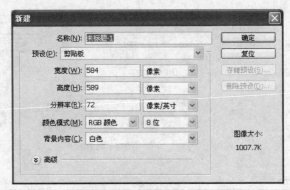

图 2-17　【新建】对话框

（2）在对话框的【名称】栏中输入新文件的名字。如不输入则使用默认名，文件按顺序为未标题-1、未标题-2……。

（3）在图像的大小设置栏中设置图像的宽度、高度、分辨率和颜色模式。其中宽度、高度、分辨率的单位以及颜色模式都可以通过列表的下拉项进行选择。分辨率和颜色模式的概念已经在前面介绍过。

（4）设置图像的背景色，其中有三个选项：【白色】、【背景色】、【透明】。背景色表示创建的图像的颜色和工具箱中的背景色颜色框中的颜色相同。

（5）单击【确定】按钮即可创建一幅图像。

2.3.3　保存图像

创建一幅图像后，只有保存了这幅图像才能使劳动成果得以实现。下面就简要地介绍保存图像的操作。

（1）单击【文件】菜单中的【存储】命令或者按下 Ctrl+S 组合键，打开如图 2-18 所示的【存储为】对话框。

（2）单击【保存在】列表框中的箭头打开下拉列表，然后在列表中选择一个要保存文件的文件夹或者驱动盘。

（3）在【文件名】框中输入新文件的名称。如果保存的是一打开的文件，则有一个原文件名，用户可以更改进行保存。

（4）单击【格式】列表框的下拉箭头打开下拉列表，从中选择图像文件格式。

（5）单击【保存】按钮或者按下 Enter 键即可完成图像的保存。

图 2-18 　【存储为】对话框

在对话框中还有两个选项：一个是设置文件是否能使用小写扩展名，选中则表示为小写，不选中则表示为大写；一个是设置文件是否保存为预览缩图，使用此选项保存的图像文件能够在【打开】对话框中预览显示。另外，如果这个图像已经保存过，则按下 Ctrl+S 键或单击【文件】菜单中的【存储】命令，即可不打开对话框进行保存。

2.3.4 关闭图像

保存完图像后即可把此图像关闭，然后再编辑其他图像。下面介绍关闭图像的几种方法：
● 双击图像窗口的眼睛图标。
● 单击【文件】菜单中的【关闭】命令。
● 按下 Ctrl+F4 组合键。

如果要关闭打开的几个图像，则单击【窗口】菜单中的【关闭全部】命令，这样可以把打开的图像全部关闭。

图像的尺寸和分辨率是一个很重要的因素，因为适当的图像大小和分辨率不仅可以更好地输出和显示创作的图像，而且有利于节省磁盘空间。

2.4　图像窗口的操作

2.4.1 修改图像大小

打开要修改的图像，然后打开【图像大小】对话框，如图 2-19 所示，在【文档大小】选

项组中的【宽度】和【高度】文本框中键入数值，
最后单击【确定】按钮即可。

　　也可以在【像素大小】选项组中更改图像像素
数目来决定图像的尺寸。如果一个选项组中的宽度
和高度值被改变，则另一选项组中的相应值也会被
改变。

2.4.2　修改图像的分辨率

　　打开要更改分辨率的图像，并打开【图像大小】
对话框，如图 2-20 所示。然后在【分辨率】文本框
中键入数值，最后单击【确定】按钮。

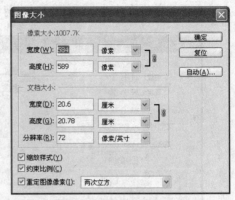

图 2-19　修改图像的尺寸

　　以上介绍了如何分别修改尺寸及分辨率的问题，那么如何同时修改尺寸和分辨率呢？其
操作如下：

　　打开要更改尺寸和分辨率的图像，并打开【图像大小】对话框。首先将【重定图像像素】
复选框的设置清除。此时，【文档大小】选项组如图 2-21 所示，它表示高、宽和分辨率三者之
间是相关的，改变任一项参数，便可以改变其他两项参数，此时像素数目是固定不变的，即文
件的大小是不变的。在任意框中键入一个值后，单击【确定】按钮，修改则完成。

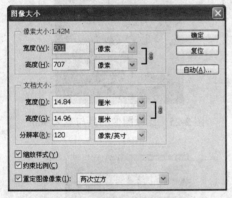

图 2-20　修改图像的分辨率

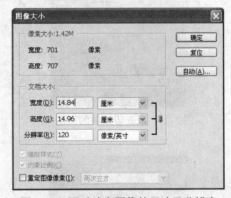

图 2-21　同时改变图像的尺寸及分辨率

2.4.3　修改图像的版面大小

　　将原有图像进行放大和缩小是使用【图像大小】命令来实现的，但该命令并不能增加图
像的空白区域或裁剪掉原图像的边缘图像。那么怎样实现这一功能呢？下面介绍可解决这一问
题的【画布大小】命令。

　　执行【图像】菜单中的【画布大小】命令后，弹出【画布大小】对话框，如图 2-22 所示。

　　【当前大小】选项组用于显示当前图像的实际大小。

　　【新建大小】选项组则可以设置【宽度】和【高度】值。当设定值大于原尺寸时，Photoshop
会将放大的图像在原图像的基础上增加工作区域；反之会将缩小的部分裁剪掉。

　　【定位】区域用于设置图像在窗口中的相对位置。如图 2-22 所示，选中正中的方格，表
示增减版面将在原图像的四周进行。若选中右下角的方格，则增减版面将以右下角为中心进行。

　　当对图像进行缩小版面时，Photoshop 会给出如图 2-23 所示的对话框，提醒用户"新画布

大小小于当前画布大小；将进行一些剪切"，单击【继续】按钮进行裁剪。

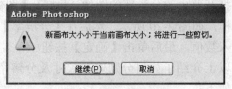

图 2-22　【画布大小】对话框　　　　　图 2-23　缩小版面时的提示

为更好地说明问题，请看图 2-24、图 2-25、图 2-26 和图 2-27 的结果。

图 2-24　未变版面前的原图像

图 2-25　比原图像的高与宽大 3cm

图 2-26　比原图像的高与宽小 2cm

图 2-27　选中左上角的方格增加版面

2.4.4　多图像窗口的操作

1．新建图像窗口

　　在 Photoshop CS 中，用户可同时新建多个图像窗口，以便以不同的比例或不同的部分进行观察和编辑整幅图像。其方法是先确认需要新建图像窗口的图像为当前编辑窗口，然后选择【窗口】|【排列】|【为"XX"创建新窗口】菜单命令即可。如图 2-28 所示，用户可以在右

边图像窗口中放大图像，而在左边未放大的窗口中观察效果。

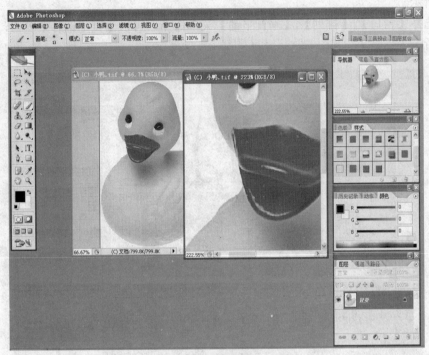

图 2-28　新建图像窗口

2．排列图像窗口

当用户打开多个图像窗口后，需要将凌乱的多个窗口进行重新排列，方法是选择【窗口】|【排列】子菜单中的命令，其中：

● 选择【窗口】|【排列】|【层叠】菜单命令，可以层叠排列各个窗口，如图 2-29 所示。

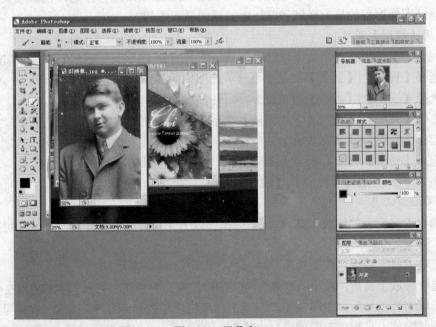

图 2-29　层叠窗口

- 选择【窗口】|【排列】|【水平平铺】菜单命令，可以水平平铺各个窗口。如图 2-30 所示。
- 选择【窗口】|【排列】|【垂直平铺】菜单命令，可以垂直平铺各个窗口，如图 2-30 所示。

图 2-30   水平、垂直排列各窗口

2.4.5   图像窗口的显示效果

对于当前图像窗口，用户可以根据需要对图像的显示效果进行控制，包括放大或缩小图像显示、移动图像窗口的显示区域和以特定的模式显示图像。

1. 使用【视图】菜单

在【视图】菜单中有 5 个命令可以用于调整图像的显示比例，包括以下几种情况：

- 选择【视图】|【放大】菜单命令，可使图像的显示比例放大 1 倍。
- 选择【视图】|【缩小】菜单命令，可使图像的显示比例缩小 1/2。
- 选择【视图】|【按屏幕大小缩放】菜单命令，可使图像以最佳比例显示。
- 选择【视图】|【实际像素】菜单命令，可使图像以 100%的比例显示。
- 选择【视图】|【打印尺寸】菜单命令，可使图像以实际的打印尺寸显示。

如图 2-31 所示为选择【视图】|【放大】菜单命令前后的显示效果。

2. 使用缩放工具

单击选取工具箱中的缩放工具 ，然后执行以下 4 种方法中的任意一种，即可控制图像的不同显示效果。

- 选取缩放工具后，在图像窗口中单击，即可将图像放大 1 倍。
- 选取缩放工具后，按下 Alt 键的同时在图像窗口中单击，可将图像缩小 1/2 显示。
- 选取缩放工具后，在图像窗口中双击，可将图像的显示比例还原成 100%显示。
- 选取缩放工具后，在图像窗口中拖出一个区域，可将选定区域放大到整个窗口。

图 2-31　放大图像的前后效果

3. 使用【导航器】面板

用户可以利用【导航器】面板来改变图像的显示比例，改变时只需将光标移动到【导航器】面板下面的滑块上，拖动滑块左右移动即可，如图 2-32 所示。

4. 使用屏幕显示工具

- 单击 按钮，屏幕将以标准模式显示，该模式是 Photoshop 默认的显示方式。

- 单击 按钮，屏幕将以带有菜单栏的全屏模式显示，效果如图 2-33 所示。

图 2-32　导航器控制图像显示

图 2-33　带有菜单栏的全屏模式显示效果

- 单击 按钮，屏幕将以全屏模式显示，并将菜单栏隐藏。

5. 移动显示区域

当图像放大后，图像将超出当前窗口的显示区域，并自动出现垂直滚动条或者水平滚动条，这时可以利用滚动条在窗口中移动到所需要的显示区域。另外，可以使用工具箱中的抓手工具  来移动显示区域，选择该工具后，光标变成抓手形状，在图像窗口中直接拖动光标即可改变显示区域。

此外，还可利用【导航器】面板来移动显示区域，方法是先将光标移动到【导航器】面板的图像显示区域，然后拖动红色线框进行移动即可，如图 2-34 所示。

图 2-34　利用【导航器】面板移动显示区域

第3章　辅助工具和颜色设置

3.1　一般系统参数的设置

在进行图像的编辑时，往往要根据用户机器的配置和用户的爱好设置 Photoshop 的内存分配和操作环境，这样才能使用户更好地使用计算机，使用户能够更方便地编辑图像，比如对内存、显示方式和光标、滤镜的位置等的设置以及对网格、辅助线的颜色、标尺和单位的设置等。下面将分别进行介绍。

3.1.1　设定内存和磁盘空间

使用 Photoshop 需要很大的内存空间，因为它的功能非常强大，要进行的设置也很复杂，特别是在使用 Photoshop 的滤镜功能时，内存的大小就显得更加重要了。

在编辑图像时，如果计算机的内存不能满足操作需要，计算机会自动启动其硬盘空间作为虚拟内存来补充，所以用户如能用好内存，则能获得很好的操作环境。下面介绍如何设置内存。

执行【编辑】菜单中的【首选项】子菜单中的【内存与图像高速缓存】命令，打开的对话框如图 3-1 所示。在【高速缓存级别】文本框中可以键入 1~8 的数字来设定画面显示和重绘的速度，数值越高，则速度越快。但是用户要根据计算机的内存大小来设定，因为如果设置的数值太高则会占用太多的内存空间，使得可用的内存不够用。

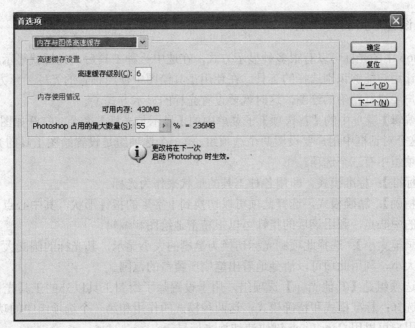

图 3-1　设定内存与图像高速缓存

在【内存使用情况】选项组中，可以设定内存的使用率，它的设定范围在 8%~100%之间。

在内存较小时可以设定虚拟内存，单击【编辑】菜单中的【首选项】子菜单中的【Plug-Ins与暂存盘】命令，打开如图 3-2 所示的对话框。

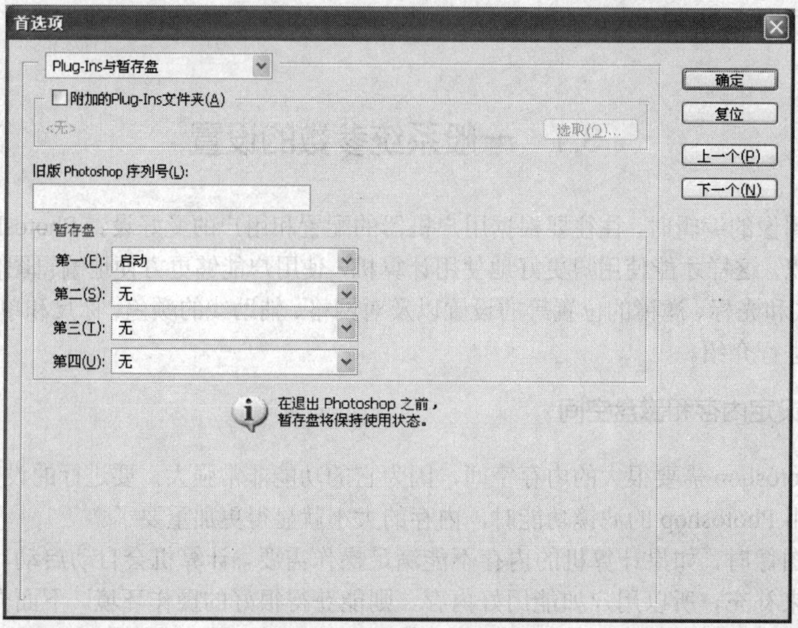

图 3-2　设置缓存对话框

从图 3-2 中可以看到【附加的 Plug-Ins 文件夹】复选框，该项表示首选增效工具的存储盘，设置外挂工具的存储文件夹，在设置【暂存盘】时有四个下拉列表可以选择，这些下拉列表用于设置虚拟内存在的磁盘，用户可以选择多个驱动盘，计算机在内存不够时按顺序使用用户选择的驱动盘。

3.1.2　设置显示方式和光标

Photoshop 中的光标可以有很多种显示方式，在选中一种工具后，光标就显示为一种光标方式，以便让用户能够识别选择的工具。在使用工具绘图中使用预置的光标显示方式很直观，但是有时用户要进行精确的绘图，这时就要设置光标的显示方式了。

单击【编辑】菜单中的【首选项】子菜单中的【显示与光标】命令，打开如图 3-3 所示的对话框。在这个对话框中用户要设置两个选项组，第一个选项组是设置绘图工具的光标，在【绘图光标】选项组中有三个选项。

- 【标准】：标准模式，即用各种工具的形状来作为光标。
- 【精确】：精确模式，选择此项可以切换到十字形的指针形状，其中心点为工具作用时的中心点，利用该项的指针可以很精密地绘图和编辑。
- 【画笔大小】：选择此项则光标切换为笔刷的大小显示，其光标的圆圈大小即为笔刷的大小，利用此项可以清楚地看出笔刷所覆盖的范围。

第二个选项组是【其他光标】选项组，用于设置除了绘图工具以外的工具光标，也有两个选项可供选择：标准模式和精确模式，这两种模式的作用和第一个选项组中的功能差不多。

另外，用户可以用 Caps Lock 键快速切换光标显示。

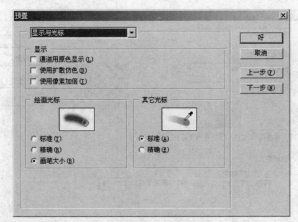

图 3-3　设置光标对话框

3.1.3　设定透明区域显示

当对一个透明的层进行操作时，可以设定透明区域的显示，以便区分透明区域和非透明区域，这样使得用户能够更方便地编辑图像。下面介绍设置透明区域显示的方法。

单击【编辑】菜单中的【首选项】子菜单中的【透明区域与色域】命令，打开【预置】对话框，如图 3-4 所示，在该对话框中进行参数的设置。

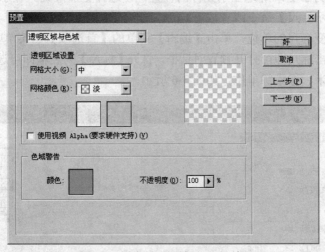

图 3-4　设定透明区域显示对话框

在此对话框中有三项需要设置：网格大小、网格颜色、色域警告。

- 【网格大小】：用于设定透明区域的网格大小。有【中】、【无】、【小】和【大】四个选项。它的默认设置为【中】项，用户如果选择【无】，透明区域将以白色显示，此时就很难区别透明和非透明区域了，而选择【小】和【大】则使得网格变得很小或者很大。
- 【网格颜色】：用于设置网格的颜色。设置网格的颜色是为了便于用户把透明区域和非透明区域区分得更清楚。透明区域中的颜色是由两种颜色组合而成的，这两种颜色可以在颜色拾取列表中选择。用鼠标单击另一个颜色的颜色板即可在颜色拾取框中选择一种颜色，选择后的颜色会显示在其右侧的预览框中，如图 3-5 所示。

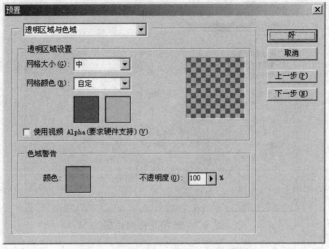

图 3-5　设置常规色后的预览效果

- 　【色域警告】：在该选项组中可以设定溢色警告的【颜色】和【不透明度】。当选择的颜色出现溢色警告时，在前景色和背景色颜色框中会出现警示三角形。

3.1.4　设定标尺

标尺的设定是为了更准确地显示光标的位置，使选择更加准确。显示标尺只要单击【视图】菜单中的【显示标尺】命令或者按下 Ctrl+R 组合键即可。

如果用户要改变标尺的单位，单击【编辑】菜单的【首选项】子菜单中的【单位与标尺】命令或在图像中双击标尺即可打开预置对话框。打开【标尺】列表框即可选择标尺的单位，用户可以从中选择厘米、像素等单位，如图 3-6 所示。

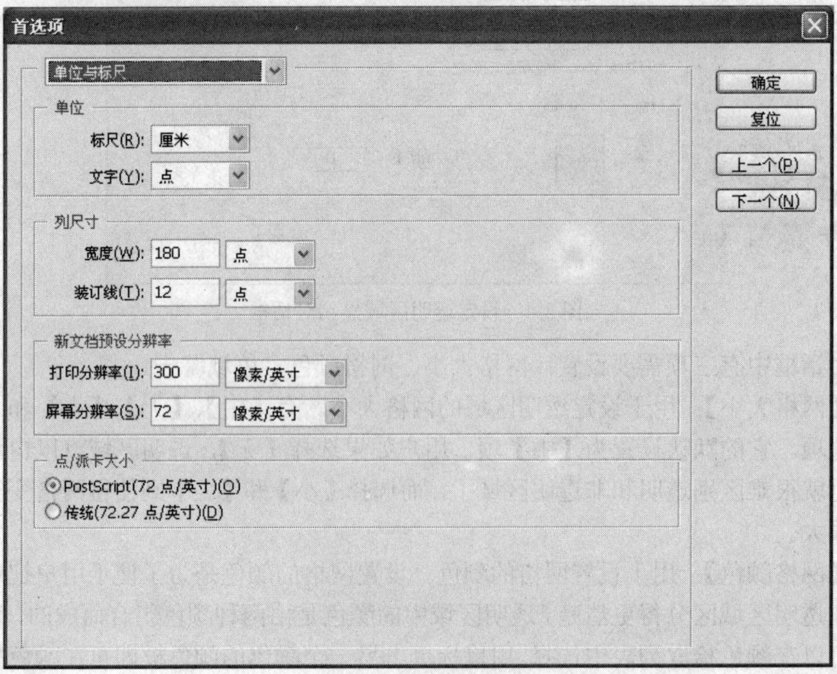

图 3-6　单位与标尺

3.1.5　设定网格

设定网格可以用来对齐参考线。要显示网格，只要执行【视图】|【显示】|【网格】命令或者按下 Ctrl+'键即可，如图 3-7 所示。

图 3-7　设置网格前后的对比效果

如果要对网格的颜色进行设置，可以单击【编辑】菜单中的【首选项】子菜单中的【参考线、网格和切片】命令，如图 3-8 所示。

图 3-8　参考线、网格和切片

3.1.6　设定辅助线

辅助线的设置和标尺及网格的设置一样，都是为了让用户能够更好地对齐对象。但是它的使用要比网格的使用方便一些，因为网格要布满整个图像屏幕，而辅助线可以按照用户的需要进行设置，而且可以任意设定其位置。在设置辅助线之前，首先要显示标尺，然后在标尺上按下鼠标拖动至窗口中，放开鼠标即可出现辅助线，如图 3-9 所示。建立辅助线后就要进行控制了，下面介绍辅助线的控制操作。

- 移动辅助线：在按住 Ctrl 键的同时拖曳辅助线即可移动辅助线，另外也可以使用工具箱中的移动工具，然后使用鼠标即可移动辅助线。
- 锁定辅助线：执行【视图】菜单中的【锁住网格】命令可锁定辅助线，锁定后的辅助线将不能再移动。
- 删除辅助线：删除一条辅助线只需把要删除的辅助线拖动到标尺中即可。执行【视图】菜单中的【清除参考线】命令即可清除图像中所有的辅助线。

图 3-9　设置辅助线

如果要对参考线进行设置，同网格一样，打开图 3-8 所示的对话框设置即可。

3.2　颜色设置

制作图像之前，必须正确选定工具的颜色，才能使图像的画面色彩绚丽、多姿多彩。

3.2.1　前景色和背景色的设置

在进行图形处理时，不论是进行颜色填充还是进行图像修饰，其颜色设置首先取决于当前的前景、背景的颜色设置。

Photoshop CS2 提供了 4 种颜色工具，如图 3-10 所示。以下具体介绍这 4 种工具。

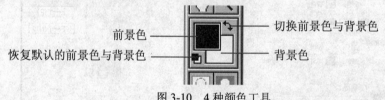

图 3-10　4 种颜色工具

1. 前景色

用于定义文字、颜料桶、直线、铅笔、喷枪等工具使用的颜色。有两种方法改变前景色：

- 单击【前景色】按钮，在弹出的如图 3-11 所示的【拾色器】对话框中选择一种新的颜色。
- 选择工具箱中的吸管工具，在图像窗口内单击，鼠标所在处的颜色即作为前景。

使用 Alt+Delete 组合键，可把前景色填充在选区内。

2. 背景色

用于显示图像的底色。改变背景色也有两种方法：

- 单击【背景色】按钮，也可弹出如图 3-11 所示的对话框，在该对话框中选择一种颜色。
- 选择工具箱中的吸管工具，按住 Alt 键，在图像窗口内单击，鼠标所在处的颜色即作为背景色。使用 Ctrl+Delete 组合键，可把背景色填充在选区内。当选择橡皮擦工具之后，在图像窗口中拖动，即可看到所设置的背景色。

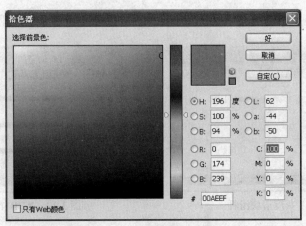

图 3-11　【拾色器】对话框

3. 恢复默认的前景色与背景色

将前景色和背景色恢复到初始的默认值，即 100% 的黑色与白色，用鼠标单击图 3-10 中的此按钮或按 D 键便可执行。

4. 切换前景色与背景色

用鼠标单击图 3-10 中的此按钮或按下 X 键就可以将前景色与背景色互相切换。

3.2.2　使用颜色控制面板

【颜色】控制面板可以很方便地设定当前使用的前景色和背景色。如果 Photoshop CS2 窗口中没有【颜色】控制面板，请执行【窗口】|【颜色】命令，打开【颜色】面板。该面板的默认情况是提供 RGB 色彩模式的 R、G、B 三条滑杆，单击面板右侧的右三角按钮可以打开【颜色】面板的控制菜单，可以显示其他模式的滑杆，如图 3-12 所示。

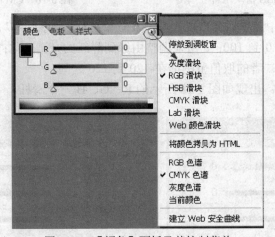

图 3-12　【颜色】面板及其控制菜单

选择不同模式的滑杆后，若要更改前景色，则单击【前景色】按钮，用鼠标拖动滑块或在其后的文本框中键入数值便可以设定前景色；可用同样的方法更改背景色。下面是各种模式滑块的介绍。

- 灰度滑块：选中后面板只显示一个 K（黑色）滑杆，如图 3-13 所示。它只能设置从黑到白的 256 种颜色。

- RGB 滑块：面板显示如图 3-14 所示，R、G、B 三个滑杆的范围都在 0 到 255 之间。

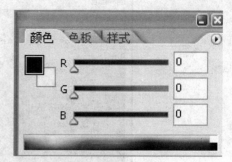

图 3-13　灰度滑块滑杆　　　　　　　　　　图 3-14　RGB 滑块滑杆

- HSB 滑块：选中后面板显示 H（色相）、S（饱和度）、B（亮度）滑杆，如图 3-15 所示。
- CMYK 滑块：选中后面板显示 C（青色）、M（洋红色）、Y（黄色）、K（黑色）四个滑杆，如图 3-16 所示。

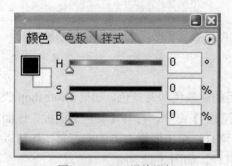
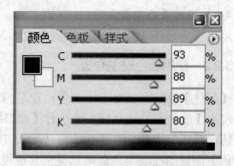

图 3-15　HSB 滑块滑杆　　　　　　　　　　图 3-16　CMYK 滑块滑杆

- Lab 滑块：选中此项后会出现 L、a、b 三个滑杆，如图 3-17 所示。L 用来调整亮度，其取值范围是 0 到 100；a 用来调整由绿到鲜红的光谱变化；b 用来调整由黄到蓝的光谱变化，后二者的取值范围都在-120 到 120 之间。
- Web 颜色滑块：出现如图 3-18 所示的 R、G、B 三个滑杆。

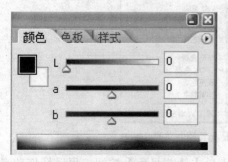
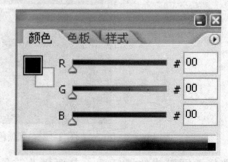

图 3-17　Lab 滑块滑杆　　　　　　　　　　图 3-18　Web 颜色滑块滑杆

【颜色】面板底部的颜色条是用来显示某种色彩模式的光谱，默认设置为 RGB 光谱。可以用鼠标在它上面选定颜色。颜色条上的光谱颜色也可以设定多种模式，有三种方法：

- 单击面板右上角的右三角按钮，在弹出的菜单中选择【RGB 色谱】、【CMYK 色谱】、

【灰度曲线图】、【当前颜色】四种中的一种光谱进行选色，如图 3-19 所示。

- 按下 Shift 键再单击颜色条可以快速切换颜色条的显示模式。
- 在颜色条上单击鼠标右键打开快捷菜单进行切换。

> RGB 色谱
> ✓ CMYK 色谱
> 灰色曲线图
> 当前颜色

3.2.3　使用色彩拾取器选取颜色

图 3-19　设定颜色条的色彩模式

以下详细介绍用【拾色器】对话框选取颜色。当用户要改变前景色和背景色的默认设置时，可单击工具箱中的【前景色】或【背景色】按钮，打开如图 3-20 所示的【拾色器】对话框。

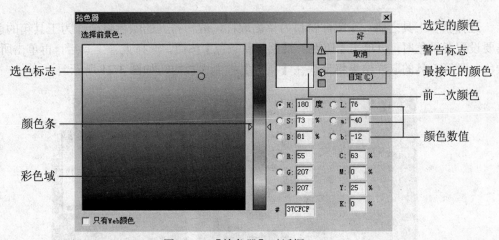

图 3-20　【拾色器】对话框

- 颜色条：拖动颜色滑块时，其代表的颜色对应于所用色彩模式的已被选中的单选按钮的内容。例如，当 S 按钮被选中时，拖动滑块将使色彩模式 HSB 中的 S（饱和度）数值发生变化，而 H（色度）及 B（亮度）的数值将不发生变化，而且颜色条越靠顶部其饱和度越大，越靠近底部其饱和度越小。
- 彩色域：彩色域内显示的颜色是颜色条所不能代表的其他颜色要素的综合效果。如果颜色条代表 HSB 色彩模式的 H（色度）时，彩色域在垂直方向上将根据亮度、水平方向上将根据饱和度来反映颜色。
- 选色标志：单击其所在点的颜色即作为当前选定的颜色。若【拾色器】对话框是单击前景色打开的，那么当前选定的颜色作为前景色；若【拾色器】对话框是单击背景色打开的，那么当前选定的颜色作为背景色。
- 前一次颜色：方便用户将所选的颜色与工具箱中的前景色或背景色进行对比。按 Esc 键或单击【取消】按钮取消颜色选定，前一次颜色仍然有效。
- 警告标志：当选择的颜色超过 CMYK 颜色色域的范围时，警告标志将出现在对话框内，并且标志的下方将出现与所选颜色最接近的 CMYK 颜色。单击标志或其下方的小色框时，将以 CMYK 颜色代替用户所选的颜色，且警告标志及小色框消失。
- 颜色数值文本框：通过它可以精确定义前景色和背景色。

在【拾色器】对话框中有 4 种色彩模式的颜色文本框。

- RGB：通过指定 R（红色）、G（绿色）、B（蓝色）三原色从 0 至 255 的强度值，可以精确地定义 256×256×256 共 1600 万种以上的颜色。

- Lab：L 表示亮度，它的数值范围是 0%至 100%；a、b 分别代表任意的颜色轴，它的数值范围是－127 到 127。对这三种参数的设定可以定义 600 万种以上的颜色。
- HSB：H（色度）表示光线照射在物体上的角度，它用 0°至 360°的圆来表示。S（饱和度）与 B（亮度）的数值范围是 0%至 100%。对这三种参数的设定可以定义 300 万种以上的颜色。
- CMYK：该模式是印刷业中使用的最主要的颜色类型。可在文本框中输入 C（青色）、M（洋红色）、Y（黄色）及 K（黑色）4 项参数的数值来定义新的颜色。

3.2.4　使用吸管工具选取颜色

选择吸管工具之后，在图像窗口内单击取样，取样得到的颜色将会作为工具箱的前景色。需要设置背景色时，可单击【切换前景色与背景色】按钮，选择吸管工具后，再单击所需的前景色。吸管工具的取样结果将反映在【颜色】控制面板内，如图 3-21 所示。

图 3-21　使用吸管工具

在图像窗口中单击右键，打开快捷菜单进行切换，可以确定吸管进行颜色取样的模式，如图 3-22 所示。三种模式如下：

图 3-22　快捷菜单切换选取

- 取样点：表示以一个像素点作为取样的样本。
- 3×3 平均：表示以 3×3 的像素点作为取样的样本。

- 5×5 平均：表示以 5×5 的像素点作为取样的样本。

用鼠标按住吸管工具不放，将会看到如图 3-23 所示除吸管之外的另两个工具，其中一个便是颜色取样器工具，如图 3-23 所示。颜色取样器主要用于在图像内提取颜色信息。它与吸管工具不同的是：它必须先在图像上定义取样点，且取样点的个数不能超过 4 个。单击颜色取样器工具，将打开【颜色取样器】工具属性栏，其设置与【吸管】工具属性栏相同。

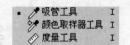

图 3-23　选取颜色取样器工具

以下介绍颜色取样器的使用。

（1）选择工具箱的颜色取样器。

（2）在图像窗口内预定的位置单击，创建颜色信息的取样点，【信息】控制面板内显示单击位置的坐标、RGB、CMYK 等信息，如图 3-24 所示。

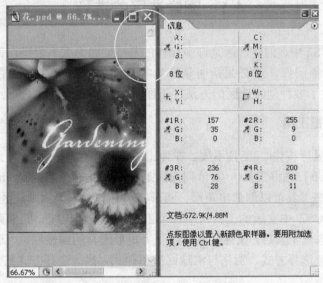

图 3-24　在图像中给颜色取样

（3）拖动采样点时，【信息】面板内的信息将发生变化。

（4）拖动采样点到图像窗口之外，该取样点将被删除。也可按住 Alt 键的同时，在图像的窗口内单击已创建的采样点。

第4章 创建和编辑选区

在 Photoshop 中，区域的选取和控制是一项基本而又特别有用的工作，因为大多数的编辑和修改都是在一个区域中进行的，当用户在选取的区域中进行编辑的时候，其他的部分不会受到编辑的影响。

Photoshop 提供了很多的区域选取工具，有选框工具、套索工具和魔棒工具等，用户可以根据需要使用其中的一种或几种。

4.1 图像选区的选取

在 Photoshop CS2 中，创建选区是许多操作的基础，因为大多数操作都不是针对整幅图像的，既然不针对整幅图像，就必须指明是针对哪个部分，这个过程就是创建选区的过程。Photoshop CS2 提供了多种创建选区的方法，下面就具体讲解一下。

4.1.1 矩形选框工具

在工具箱中用鼠标按住 📷 工具不放，在弹出的选框工具列表中提供了矩形选框工具 📷 、椭圆选框工具 ⬭ 、单行选框工具 ▭ 、单列选框工具 ▯ 。这个工具组是 Photoshop 中最基本的选择工具，通过这些工具可以创建出矩形、圆形、单行和单列等规则选区。

在 Photoshop CS2 中文版的工具箱中各个工具的选项面板统一归于菜单栏下的工具属性栏，所以选中矩形选框工具后，属性栏也相应变为矩形工具的属性栏。矩形选框工具的属性栏分为 3 个部分：修改选择方式、羽化与消除锯齿和样式。修改选择方式共分 4 种。如图 4-1 所示。

图 4-1　矩形选框工具属性栏

- 新选区："新选区"按钮如图 4-2 所示，单击后消除已有的选区，创建新的选区。
- 添加到选区："添加到选区"按钮如图 4-3 所示，在旧的选区的基础上，增加新的选区，形成最终选区。一般常用于扩大选区或选取较为复杂的区域。其应用效果如图 4-4 所示。

图 4-2　新选区　　　　　　　　　　　　图 4-3　添加到选区

- 从选区减去："从选区减去"按钮如图 4-5 所示。在旧的选区中，减去新的选区与旧的选区相交的部分，形成最终的选区。一般常用于缩小选区。其应用效果如图 4-6 所示。

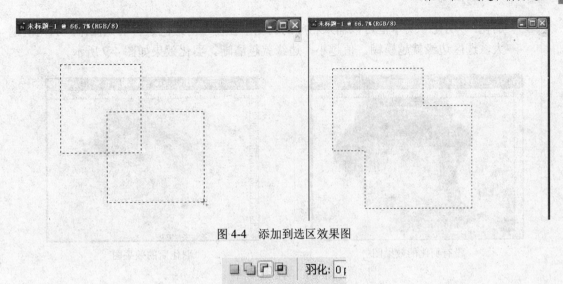

图 4-4 添加到选区效果图

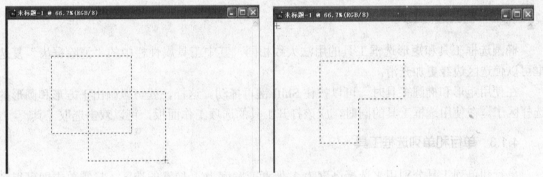

图 4-5 从选区减去

图 4-6 减去选区效果图

● 与选区交叉："与选区交叉"按钮如图 4-7 所示。新的选区与旧的选区相交的部分为最终的选区，如图 4-8 所示。

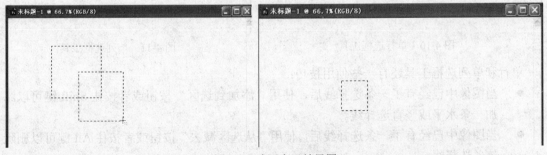

图 4-7 与选区交叉

图 4-8 选区交叉效果图

- 羽化："羽化"文本框可以输入相应的羽化半径值来对选区进行羽化操作,羽化值越大,选区边缘就越模糊,值越小,边缘就越清晰。羽化效果如图 4-9 所示。

没有羽化的效果图

羽化后的效果图

图 4-9　羽化效果图

- 消除锯齿:在使用椭圆选框工具时可设置,选择它可以平滑建立选区所形成的齿状边缘。

4.1.2　椭圆选框工具

椭圆选框工具和矩形选框工具的用法大致相同,其中工具属性栏中的"消除锯齿"复选框可以使选区边缘更加光滑。

在使用矩形和椭圆工具时,可以按住 Shift 键再拖动。这样,就可以画出正方形和圆形的选择区了。在使用选框工具的同时,应该打开工具的选项工作面板,可以双击选取工具。

4.1.3　单行和单列选框工具

单行和单列工具分别用来选择高度为 1 像素或宽度为 1 像素的选区。只需单击即可得到选区,但由于选区的高度或宽度只有 1 像素,因此在使用时可以对图像进行适当的放大以更好地工作。效果如图 4-10 和图 4-11 所示。

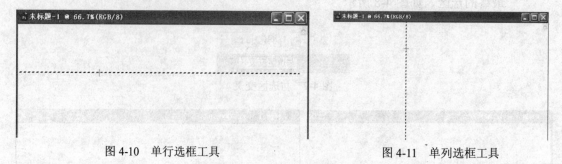

图 4-10　单行选框工具　　　　　　　　图 4-11　单列选框工具

单行和单列选框工具还有一些使用技巧:

- 当图像中已经有了一条选择线后,使用"添加到选区"按钮或者按住 Shift 键可以添加一条水平或竖直选择线。
- 当图像中已经有了一条选择线后,使用"从选区减去"按钮或者按住 Alt 键可以删除该条选择线。

- 使用光标键可以上下连续移动水平选择线或者左右移动垂直选择线,每次移动的距离为 1 像素。
- 使用 Shift 键再使用光标键,可以上下或者左右移动选择线,每次移动的距离为 10 像素。

4.1.4　套索类工具

包括 3 种套索选取工具:曲线套索工具、多边形套索工具和磁性套索工具。

1. 曲线套索工具

曲线套索工具可以定义任意形状的区域,其选项属性栏如图 4-12 所示。

图 4-12　曲线套索工具属性栏

2. 多边形套索工具

如果在使用曲线套索工具时按住 Alt 键,可将曲线套索工具暂转换为多边形套索工具使用。多边形套索工具的使用方法是单击鼠标形成固定起始点,然后移动鼠标就会拖出直线,在下一个点再单击鼠标就会形成第二个固定点,如此类推直到形成完整的选取区域,当终点与起始点重合时,在图像中多边形套索工具的小图标右下角就会出现一个小圆圈,表示此时单击鼠标可与起始点连接,形成封闭的、完整的多边形选区。也可在任意位置双击鼠标,自动连接起始点与终点形成完整的封闭选区。多边形套索工具的使用如图 4-13 所示。

图 4-13　多边形套索工具

3. 磁性套索工具

磁性套索工具是一种具有可识别边缘的套索工具,特别适用于快速选择图像的边缘和图像背景对比度强烈且边缘复杂的对象。该工具具有快速和方便的选取功能。

磁性套索工具中在套索宽度值设得很小的情况下,选取将更精细,但对于光标的移动的精确度要求也更高,而当值设得较大时,即使鼠标离得很远,套索也能自动贴向图像。因此,当选取对象和图像的背景图分界不明显或要求较为精确时,应选用较小的笔尖;相反在选取边缘清晰的图像时,选用大笔尖将更为快捷!"频率"项是用来设置沿途自动放置描点的频率的,这个值太大太小都将影响正常的选取，一般设为默认值（57）即可！"边缘对比度"项用来决定图像边缘对选区的影响程度，可以通过它来对磁性套索的灵敏度进行调节，高数值适于与周围对比强烈的边缘，低数值则适用于探测低对比度的边缘。应用效果如图 4-14 所示。

边缘对比度设为 1 时　　　　　　　　　　　　　边缘对比度设为 90 时

图 4-14　不同边缘对比度的选区效果

很明显，在这样的对比强烈的图像中，使用高数值的效果要优于低数值的效果。

4.1.5　魔棒工具.

魔棒工具 是根据单击处的图像颜色进行选取的，它被认为是所有选取工具中功能最强大的。因为在对图像复杂但颜色相近的区域进行选择时，往往只需一点便能选出令人难以置信的完美图形。其属性栏如图 4-15 所示。

图 4-15　魔棒工具属性栏

魔棒工具的使用非常方便，这里只介绍一下它的一项参数：容差。该选项用来设置从单击的区域开始扩散的选取的图像颜色差别率的大小，当调小时，对于周围的图像颜色的匹配程度就高，反之就低，效果如图 4-16 所示。

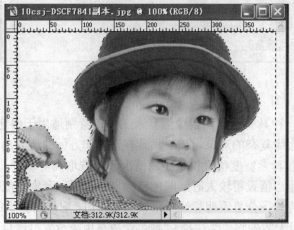

图 4-16　魔棒工具

4.2　【选择】菜单的使用

在 Photoshop 中提供了一个对选区进行控制的命令集合，这就是【选择】菜单，如图 4-17 所示。

可以看到在【选择】菜单中有很多命令，如全部、取消选择、反向、色彩范围等，用户如果要用好 Photoshop，必须熟练掌握这些命令，下面就详细介绍各项命令的功能和用法。

1.【全部】命令

【全部】命令用于将全部的图像设定为选择区域。当用户要对整个图像进行编辑处理时，可以使用【选择】菜单中的【全部】命令。

2.【取消选择】命令

【取消选择】命令用于将当前的所有选择区域取消。

3.【重新选择】命令

【重新选择】命令用于恢复【取消选择】命令撤消的选择区域，重新进行选定并与上一次选取的状态相同。

全部(A)	Ctrl+A
取消选择(D)	Ctrl+D
重新选择(E)	Shift+Ctrl+D
反向(I)	Shift+Ctrl+I
所有图层(Y)	Alt+Ctrl+A
取消选择图层(S)	
相似图层	
色彩范围(C)...	
羽化(F)...	Alt+Ctrl+D
修改(M)	▶
扩大选取(G)	
选取相似(R)	
变换选区(T)	
载入选区(L)...	
存储选区(V)...	

图 4-17　【选择】菜单

4.【反向】命令

【反向】命令用于将图层中选择区域和非选择区域进行互换，如图 4-18 所示即为使用【反向】命令前后的选区效果。

图 4-18　使用【反选】命令的选区效果

5.【色彩范围】命令

【色彩范围】命令是一个很有用的工具，它能够按照对话框中设置的色彩范围对图像中的区域进行选择，就像工具箱中的魔棒工具一样。单击【色彩范围】命令，打开如图 4-19 所示的对话框。

下面介绍【色彩范围】对话框中各项参数的设置。

● 预览框：在此对话框中可以看到中部有一个预览框，当选择【选择范围】时显示选择的范围，当选择【图像】时则显示原图像。用户在使用此命令时可以选择这两个选项，从而达到对比的效果。

图 4-19　【色彩范围】对话框

- 【选择】下拉列表框：在【选择】下拉列表中可以选择【取样颜色】、【红色】、【黄色】等颜色。选择【取样颜色】时，用户可以用鼠标作为吸管工具在图像中或颜色板等颜色取样工具中选择一种颜色；如果选择红、黄等六种颜色时，可以指定在图像中选取相应的颜色范围区域；在亮度方式中有【高光】、【中间调】和【暗调】3 种，选择不同的项时可以在图像中选取不同亮度的区域；还有一个【溢色】方式选项，选中该项将选取当前图像中溢色的区域，即无法印刷的颜色区域，注意该项值用于 RGB 模式。
- 【颜色容差】文本框：设置容差值可以调整选择区域颜色的近似程度，值越大，则包含的相近的颜色越多，选择区域也越大。
- 【选区预览】下拉列表框：从【选区预览】下拉列表中可以选择一种区域在图像窗口中的预览方式，如图 4-20 所示。选择【无】项将在图像窗口中不显示选择区域的预览，选择【灰度】项将以灰色调显示未被选取的区域，选择【黑色杂边】项将以黑色显示未被选取的区域，选择【快速蒙版】项将以预设的【蒙版】颜色显示未被选取的区域。
- 三个吸管工具：三个吸管工具用于汲取色样，第一个用于确定基本的选择区域；第二个用于增加选择区域；第三个用于减少选择区域。
- 【反相】复选框：此项功能和【选择】菜单下的【反向】命令的功能相同。

6.【羽化】命令

此命令用于在选择区域中产生边缘模糊效果。单击此命令打开如图 4-21 所示的对话框，可以在【羽化半径】文本框中输入边缘模糊效果的像素值，值越大，模糊效果越明显。

图 4-20　【选区预览】下拉列表　　　　　　　图 4-21　【羽化选区】对话框

打开一幅图，创建选区后，对选区进行羽化，然后反选删除，可以得到如图 4-22 所示的效果。

创建一个选区并且羽化它

反选选区并清除选区内容

图 4-22　羽化效果

7.【修改】命令

【修改】命令用于修改选区的边缘设置。它的子菜单中有四个选项，如图 4-23 所示，包括【边界】、【平滑】、【扩展】和【收缩】项。

- 【边界】命令：该项命令可以将原有的选择区域变成带状的边框，即加一个宽度，这样用户可以只对选择区域的边缘进行修改，如图 4-24 所示。

图 4-23　【修改】子菜单

图 4-24　【边界选区】对话框

下面结合实例来说明。

（1）打开一个小鸭图像，将小鸭选中，如图 4-25 所示。

（2）选择【选择】|【修改】|【边界】命令，弹出【边界选区】对话框，如图 4-24 所示，在其中设置数值为 20，单击【确定】按钮，得到如图 4-26 所示的效果。

图 4-25　打开图像并创建选区

图 4-26　边界效果

● 【平滑】命令：该项命令可以通过在选区边缘上增加或减少像素来改变边缘的粗糙程度，以达到一种连续的、平滑的选择效果。平滑度的像素的大小可以通过【平滑选区】对话框来设置，如图 4-27 所示。

图 4-27 【平滑选区】对话框

下面结合实例来说明。

（1）打开一个小鸭图像，将小鸭选中，如图 4-28 所示。

（2）选择【选择】|【修改】|【平滑】命令，弹出【平滑选区】对话框，如图 4-27 所示，在其中设置数值为 20，单击【确定】按钮，得到如图 4-29 所示的效果。

图 4-28 打开图像并创建选区

图 4-29 平滑效果

● 【扩展】命令：此项命令用于将当前选择区域按设定的值向外扩充，用户可以在【扩展选区】对话框中设置扩展值，图 4-30 和图 4-31 是将图 4-28 的小鸭设置 20 像素扩展值的效果。

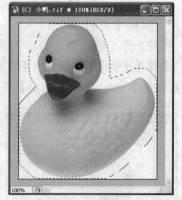

图 4-30 【扩展选区】对话框

图 4-31 扩展选区效果

● 【收缩】命令：此项命令用于将当前区域按设定的值向内收缩，用户可以在【收缩选区】对话框设置收缩值，图 4-32 和图 4-33 是将图 4-28 的小鸭设置 20 像素收缩值的效果。

8.【扩大选取】命令

此项命令用于将选区在图像上延伸，把连续的、颜色相近的像素点一起扩充到选择区域内，颜色相近程度由魔棒工具的属性栏的容差值来决定。如图 4-34 所示为扩大选区后的效果。

图 4-32 【收缩选区】对话框   图 4-33 收缩选区效果

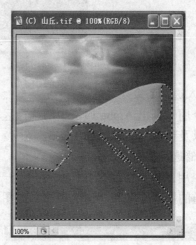

图 4-34 扩大选区效果

9.【选取相似】命令

此项命令可以将不连续的颜色相近的像素点扩充到选择区域内。如图 4-35 所示为选取相似后的效果。

图 4-35 选取相似效果

10. 【变换选区】命令

该命令用于对选区进行变形操作，选择此工具后，选区的边框上将出现 8 个小方块，如图 4-36 所示。把鼠标移入方块，可以拖曳方块改变选区的尺寸，如果鼠标在选区以外将变为旋转式指针，拖动鼠标即可带动选定区域在任意方向上旋转。

图 4-36　变换选区

11. 【载入选区】命令

该项命令用于调出 Alpha 通道中的选择区域，可以在【载入选区】对话框中设置通道所在的图像文件以及通道的名称，如图 4-37 所示。

12. 【存储选区】命令

该项命令用于将当前的选择区域存放到一个新的通道中，可以在【存储选区】对话框中设置保存通道的图像文件和通道的名称，如图 4-38 所示。

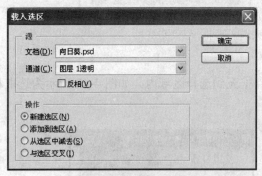

图 4-37　【载入选区】对话框

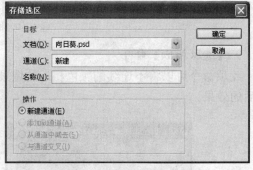

图 4-38　【存储选区】对话框

4.3　选取区域的控制

在选择完控制的区域后，用户对区域的大小位置不一定满意，还须对选取的范围进行调整，进行移动、缩放或旋转等。这些功能怎样实现呢？本节将详细介绍。

4.3.1　移动选取区域

在用户进行区域的选取时，可能会觉得选取的位置不正确，但是选区的大小和形状是适当的，这时可以移动选取范围。

移动选取范围的方法很简单，先将鼠标移到选取范围内，然后按住鼠标拖动到适当的位置松开即可。图 4-39 所示为移动选区的前后效果。

图 4-39　移动选区的前后效果

如果用户要将选区按垂直、水平方向或 45 度角方向移动，只要在移动时按住 Shift 键即可，若按下 Ctrl 键拖动，可移动选择区域内的图像。

4.3.2　缩放选取区域

用户在选取完区域后可能觉得区域太小了，或者有时用户要看一看稍微放大一点的效果，因为往往放大一点更能看出物体的构型，这就是选区的扩大。下面就介绍选区缩放的方法。

（1）选取一个选择区域，单击【选择】菜单的【修改】子菜单中的【扩展】命令打开一个【扩展选区】对话框。

（2）在对话框的文本框中填入数值，设定扩大的范围。

（3）设定完扩大的范围后单击【确定】按钮即完成了操作，如图 4-40 所示为扩大选区的前后效果。

扩大前　　　　　　　　　　　　扩大后

图 4-40　扩大选区的前后对比效果

在进行选区范围的扩大操作时，还可以使用【选择】菜单中的【扩大选取】命令和【选取相似】命令来实现。【扩大选取】和【选取相似】命令与【扩展】命令不同：它们所扩大的范围是原有的选取区域的颜色相近的区域，它们没有对话框设置扩展值，而是使用工具箱中的魔棒工具的属性栏的容差值来确定颜色相近的程度，但是这两个工具的不同就是前者扩大的范围是原有选区范围相邻的区域，后者则不限于相邻的区域。图 4-41 所示为使用【扩大选取】命令进行图像扩大的效果。

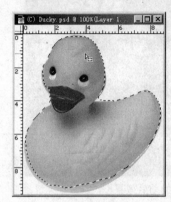

图 4-41　使用【扩大选取】命令对选区扩大

4.3.3　增减选取区域

用户在使用选取工具时可能会因为一时的疏忽漏选了一些区域，或者在使用曲线套索工具时鼠标突然松开了，这时就要补充选择那些剩下的区域。当然用户也可以重新选择，但是那样就太费时间了，如果用户掌握了选区的增减方法就不必烦恼了。下面就介绍增减选取区域的方法。

如图 4-42 所示，用户在选择叶子的时候由于鼠标停了下来，所以这时起点和终点连了起来，于是出现左图的选区，显然这个选区不是用户想要的。这时用户可以有两种办法，一种是重新运用曲线套索工具进行选取，还有一种办法就是接着刚才的选区进行增加选区的工作。这时只要按住 Shift 键，然后接着刚才的节点进行选取，选择完毕后，系统将会取这两个区域的并集成为一个新的选择区域。如图 4-42 所示即为增加选区前后的效果。

图 4-42　增加选区前后的选取区域

在 Photoshop CS2 中用户可以不用按住 Shift 键来进行选的增加，因为它提供了一个直观的属性栏，用户在属性栏的四个图样命令中选择【添加到选区】命令按钮即可。

如果用户觉得选区的范围不准确，或许要制作一个相框之类的边框性质的东西，这时可以选取一个大的区域，然后在按住 Alt 键的同时运用选取工具选取不要的区域，这时就选择了所要的边框等区域。

4.3.4　选取区域的旋转、翻转和自由变形

在 Photoshop 中用户不仅可以对整个图像进行翻转、旋转和自由变形，而且可以对选取的区域进行翻转、旋转和自由变形。有时用户对选取区域的自由变形能够使图像更加逼真，使得对图像的处理更加准确。下面就分别介绍旋转、翻转和自由变形的各种方法。

1. 选取区域的旋转和翻转

要实现对选取区域的旋转和翻转操作，只要进行以下操作即可。

（1）选择一个选取范围，选择【选择】菜单中的【变换选区】命令。

（2）这时选择范围处于变换选取状态，用户可以看到出现的一个方形的区域上有 8 个小方格，可以任意地改变选区的大小、位置和角度，如图 4-43 所示。

（3）打开【编辑】菜单中的【变换】命令打开子菜单，从中可以选择旋转和翻转的命令。图 4-43 右图所示为旋转 180 度的效果。

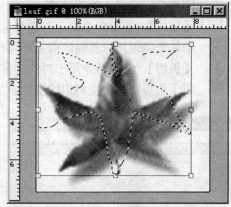

图 4-43　对选区的 180 度旋转

对选区进行旋转和翻转时有 5 个命令可以使用，如图 4-44 所示。【旋转180度】表示将当前的选区旋转 180 度；【旋转90度（顺时针）】表示将当前的选区顺时针旋转 90 度；【旋转90度（逆时针）】表示将当前选区逆时针旋转 90 度；【水平翻转】表示将当前选区水平翻转；【垂直翻转】表示将当前选区垂直翻转。

旋转 180 度[1]
旋转 90 度(顺时针)[9]
旋转 90 度(逆时针)[0]

水平翻转[H]
垂直翻转[V]

图 4-44　旋转命令

2. 选取区域的自由变形

有时用户不只是要对选区进行旋转和翻转，而且要对选区进行放大、缩小或者其他不规则的变形，下面就介绍这方面的内容。

选择一个选取区域，单击【选择】菜单中的【变换选区】命令。这时选择范围处于变换选取状态，用户可以看到出现的一个方形的区域上有 8 个小方格，用户可以任意地改变选区的大小、位置和角度，如图 4-45 所示。这时可用以下几种方法对其进行自由变形。

- 改变大小：只要将鼠标移到选择区域的控制角点上按住鼠标移动光标即可，如图 4-45 左图所示。
- 改变位置：只要将鼠标移到选择区域内拖动鼠标即可，如图 4-45 中图所示。
- 自由旋转：只要将鼠标移到选区外，然后按住鼠标按一个方向拖动即可，如图 4-45 右图所示。

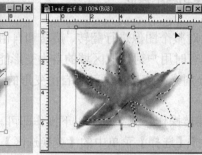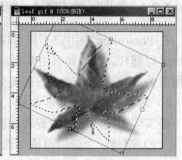

图 4-45　对选区的自由变形

- 自由变形：只要执行【编辑】菜单的【变换】命令的子菜单中的五个命令即可实现。这五个命令分别为【缩放】、【旋转】、【斜切】、【扭曲】、【透视】。
  - ➢ 【缩放】：缩放命令用于对选择区域的大小进行变换。选择此命令后其他的变换则变得不可用，如旋转等。
  - ➢ 【旋转】：旋转命令用于对选择区域进行旋转变换，选择此命令后只有旋转和移动的变换可用，其他的命令不可用。
  - ➢ 【斜切】：斜切命令用于对选择区域进行斜切的变换，此时用户只要用鼠标拖动四个角点即可实现斜切的变换。如图 4-46 所示为斜切变换后的选区效果。

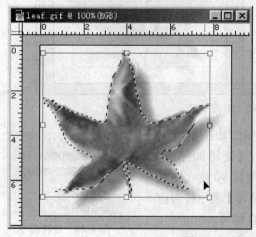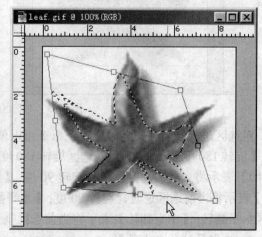

图 4-46　斜切的选区变换效果

  - ➢ 【扭曲】：扭曲的效果其实可以由多个斜切的操作来完成，因为在斜切时用户只能将角点沿着一个方向，即垂直或水平方向移动，而在扭曲时角点可沿任意方向移动，这时只不过是选区还保持一个四边形而已。如图 4-47 右图所示即为移动四个角点后的选区扭曲效果。

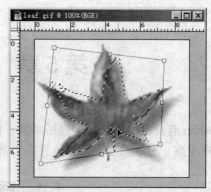

图 4-47　扭曲的选区变换效果

➤　【透视】：透视命令的使用和一般图像绘制中对透视效果的使用是一样的。如果
用户要制作一种从远处观察的效果，或许要制作一些阴影效果时，那么透视的
使用是适当的。它的使用和前面命令的使用一样，即使用鼠标拖动角点即可。
此时用户可以看到在拖动时其他的角点跟着在动，这是为了达到一种透视效果。
如图 4-48 所示即为使用透视时选区的变换效果。

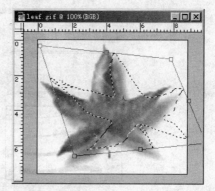

图 4-48　透视的选区变换效果

第 5 章 绘图工具

Photoshop 有许多绘图工具，包括画笔、铅笔、历史记录画笔、艺术历史记录画笔、橡皮擦、背景橡皮擦、魔术橡皮擦、颜色替换工具等。

5.1 画笔和铅笔

5.1.1 画笔工具

1. 画笔属性设置

从工具箱选择画笔工具，在绘制之前首先要对画笔进行设置，画笔工具属性栏如图 5-1 所示。

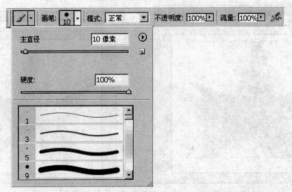

图 5-1　画笔工具属性栏

- 主直径：即画笔的笔尖大小。
- 硬度：笔刷的软硬度在效果上表现为边缘的虚化（也称为羽化）程度。较软的笔刷由于边缘虚化，看上去会显得较小些。但实际的直径是没有变化的。

图 5-2 是设置笔刷直径为 30，笔刷硬度分别为 100%、50%、0% 的效果图。

图 5-2　不同硬度的笔刷比较

- 不透明度：降低画笔不透明度将减淡色彩，笔画重叠处会出现加深效果。注意重叠的画笔必须是分次绘制的才会有加深效果，一次绘制的笔画即使重叠了也不会有加深效果。这里的一次指的是鼠标左键从按下到松开，这样算作一次绘制。降低不透明度好比将墨水兑稀后装入画笔。

- 流量：流量好比是控制笔尖出水的程度，而墨水本身是饱和的。
- 喷枪：在属性栏按下位于流量控制右边的喷枪按钮，这样就启动了喷枪。喷枪是一种方式而不是一个独立的工具（在 Photoshop 早期版本中曾作为独立工具），它是一种随着停留时间加长，逐渐增加色彩浓度的画笔使用方式。

现在选择一个 30 像素的画笔，硬度为 0%，不透明度和流量都为 100%。喷枪方式开启后，在图像左侧单击，然后在图像右侧按住鼠标约 2 秒，形成类似图 5-3 的图像。

图 5-3　喷枪效果对比

2. 新建和自定义画笔

为了满足绘图的需要，可以建立新画笔进行图形绘制。方法：单击画笔命令或单击工具栏右侧的按钮（需在选中画笔的情况下）可以打开画笔面板，在画笔面板上单击其右上角的右三角按钮，打开画笔面板菜单，执行其中的【新画笔】命令；或者将鼠标指针放于某一形状的画笔之上右击，在弹出的快捷菜单中选择【新画笔】命令，在此命令中进行设置，如图 5-4 所示。

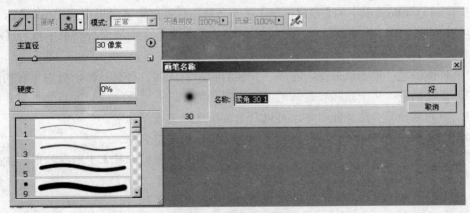

图 5-4　画笔工具属性栏

定义特殊画笔时，只能定义画笔形状，而不能定义画笔颜色；因此，即使用漂亮的彩色图形建立的画笔，绘制出来的图像也不具有彩色效果，这是因为用画笔绘图时颜色都是由前景色来决定的。

3. 更改画笔的设置

不管是新建的画笔，还是原有的画笔，其画笔直径、间距以及硬度等都不一定符合用户绘画的需求，所以需要对已有的画笔进行设置，可以在画笔工具属性栏中设置画笔属性，还可以在画笔预设中对画笔进行详细设定，如图 5-5 所示。

4. 保存、安装、删除和重置画笔

建立新画笔后，为了方便以后使用，可以将整个画笔面板的设置保存起来，方法是单击画笔面板菜单中的【存储画笔】命令，如图 5-6 所示，保存文件格式为*.ABR。

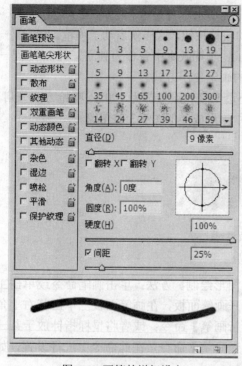

图 5-5　画笔的详细设定

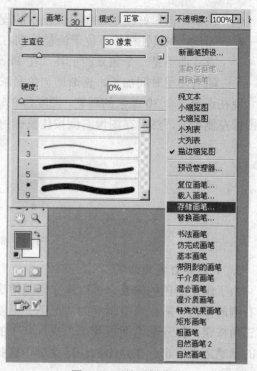

图 5-6　画笔面板菜单

在执行画笔面板菜单中的【存储画笔】命令之前，不能在画笔面板中选中 Brushes Presets 选项。可以将经过保存后的画笔，安装进来使用，其方法是在画笔面板菜单中执行【载入画笔】命令。

（1）替换画笔：单击该命令，可以在安装新画笔的同时，替换画笔面板中原有的画笔。

（2）复位画笔：用于重新设置画笔面板中的画笔。

（3）重命名画笔：选择此命令，可以对当前所选画笔重新命名。

（4）纯文本：选择此命令，即在画笔面板中只显示画笔名称。

（5）小缩览图：选择此命令，即在画笔面板中显示小图标，基本上图标的形状就是画笔形状。

（6）大缩览图：选择此命令，即在画笔面板中显示大图标。

5.1.2　铅笔工具

铅笔工具常用来画一些棱色突出的线条，如同平常使用铅笔绘制的图形一样。铅笔工具可以设置不透明度和色彩混合模式选项。除了这几个选项之外，还有一个【自动抹除】复选框。作用是：当它被选中后，铅笔工具即实现擦除的功能，也就是说，在与前景色颜色相同的图像区域中绘图时，会自动擦除前景色而填入背景色。效果如图 5-7 所示。

使用铅笔工具的具体操作步骤如下：

（1）选择工具箱中的铅笔工具，工具属性栏中将显示其选项，如图 5-8 所示。

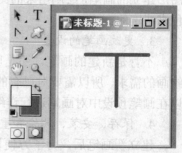

图 5-7　铅笔工具

图 5-8　铅笔工具属性栏

（2）选择所需要笔刷的大小模式，并调整不透明度的数值。

（3）在图像内拖动铅笔工具进行描绘，然后对所描绘的部分进行图层效果的操作。

5.2　历史记录画笔和历史记录艺术画笔

5.2.1　历史记录画笔

历史记录是线性的，改变以前的历史将会删除之后的记录。换句话说我们无法在保留现有效果的前提下，去修改以前历史中做过的操作。但有一个工具可以不返回历史记录，直接在现有效果的基础上抹除历史中某一步操作的效果。这就是历史记录画笔工具。

下面通过一个例子来学习历史记录画笔。

（1）打开如图 5-9 所示的图片。

（2）选择画笔工具，在属性栏中设置好画笔样式、大小和颜色，在图像上绘制线条，效果如图 5-10 所示。

图 5-9　图像文件　　　　　　　　　　　　图 5-10　使用画笔工具

（3）打开【历史记录】面板，此时可以看到历史记录画板如图 5-11 所示，其中记录了前面所做的每一步操作，面板最上方显示图像的初始状态，其左侧有一个 图标，表示使用历史记录画笔工具可以恢复图像至此步操作时的图像状态。

图 5-11　【历史记录】面板

（4）单击工具箱中的历史记录画笔，在其属性栏中设置好画笔的大小，在图像窗口进行涂抹，可以将图像恢复到最初状态 ，如图 5-12 所示。

图 5-12　使用历史记录画笔工具

5.2.2　历史记录艺术画笔

历史记录艺术画笔工具与历史记录画笔工具的使用方法基本相同，只是历史记录艺术画笔在将图像恢复到某一历史状态的同时，将使用艺术风格的画笔重新绘制图像效果。

5.3　擦除工具

5.3.1　使用普通橡皮擦工具

正如同现实中我们用橡皮擦掉纸上的笔迹一样，Photoshop 中的橡皮擦⊘就是用来擦除像素的，擦除后的区域将为透明的。其工具属性栏如图 5-13 所示，在【模式】中可选择以画笔笔刷或铅笔笔刷进行擦除，两者的区别在于画笔笔刷的边缘柔和带有羽化效果，铅笔笔刷则没有。此外还可以选择以一个固定的方块形状来擦除。不透明度、流量以及喷枪方式都会影响擦除的"力度"，较小力度（不透明度与流量较低）的擦除会留下半透明的像素。

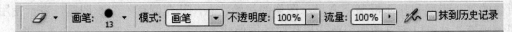

图 5-13　橡皮擦工具属性栏

需要注意的是，如果在背景层上使用橡皮擦，由于背景层的特殊性质（不允许透明），擦除后的区域将被背景色填充。因此如果要擦除背景层上的内容并使其透明的话，要先将其转为普通图层。

具体操作步骤如下：

（1）打开一幅图像，选择工具箱中的普通橡皮擦工具，工具属性栏中将显示普通橡皮擦工具的选项，如图 5-13 所示。

（2）打开【模式】下拉列表框，可以看到该工具有 3 种工作模式可以供选择：画笔、铅笔和块，如图 5-14 所示。

图 5-14　【模式】下拉列表

（3）如果在【模式】下拉列表框中选择的是"块"选项，则进行擦除时只有一种粗细的笔刷，即块的大小。

（4）如果擦除图像的已存储状态或快照，则选中"抹到历史记录"复选框。

（5）使用橡皮擦工具在图像内要抹掉的区域上拖动，来擦除图像。擦除效果如图 5-15 所示。

图 5-15　擦除图像

5.3.2　使用背景色橡皮擦工具

背景色橡皮擦工具 的使用效果与普通的橡皮擦相同，都是抹除像素，可直接在背景层上使用，使用后背景层将自动转换为普通图层。其选项与颜色替换工具有些类似，如图 5-16 所示。可以说它也是颜色替换工具，只不过真正的颜色替换工具是改变像素的颜色，而背景色橡皮擦工具将像素替换为透明而已。

图 5-16　背景色橡皮擦工具

类似去除物体背景或人物背景这样的操作，在进行合成制作的时候是经常要用到的，而通常的思路都是建立选区，然后消除背景（删除或建立蒙版）。正因为背景色橡皮擦工具有"替换为透明"的特性，加上其又具备类似魔棒工具那样的容差功能，因此也可以用来抹除图片的背景。按照上述设置（限制为"不连续"、取样为"一次"），将容差设为80%，在1处按下鼠标并四处涂抹，然后设为 50%在 2 处四处涂抹，在涂抹过程中不会抹除物体部分的像素，因为取样中的颜色是青色和蓝色，而物体的颜色是橙色、黄色和黑色，都位于1处和2处的颜色及容差范围之外。应用效果如图 5-17 所示。

这样就可以在物体周围得到透明的区域，重复操作可去除残余部分。可以在其下方建立一个色彩填充层，这样残余的像素就看得比较清楚。

这个操作中最重要的选项就是取样，选择"一次"代表以鼠标第一笔所在位置的像素颜色为基准，在容差之内去寻找并消除像素。这种方法适用于主体与背景反差较大的情况，反差越大就越容易操作。

图 5-17　背景色像皮擦工具的应用效果

如果想用这个功能来做去除背景的操作，一般来说使用一次之后并不能完全抹除像素，大部分会留下半透明的像素。尽管很淡，但还是半透明的。将下面的例子实际操作一下就会明白，在叠加了其他的背景后很容易看出痕迹。因此在达到如图 5-18 所示的抹除效果后，应减少容差，在看似透明的区域再次使用。如有必要就再重复几次。由于 Photoshop 表示透明的灰白方块不利于检查像素透明程度，建议在下方叠加一个色彩填充层。填充层的色彩应与被抹除的颜色有较大差异，这可以利用反转色差异最大的特点，比如图 5-18 中被抹除的江水呈青绿色，那么就建立一个红色的填充层。如果要抹除的背景是黄色，那么就建立一个蓝色的填充层。

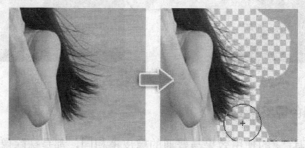

图 5-18　去除背景

5.3.3　魔术橡皮擦工具

魔术橡皮擦工具 在作用上与背景色橡皮擦类似，都是将像素抹除以得到透明区域。只是两者的操作方法不同，背景色橡皮擦工具采用了类似画笔的绘制（涂抹）型操作方式。而魔术橡皮擦工具则是区域型（即一次单击就可针对一片区域）的操作方式。

还记得魔棒工具吗？魔棒单击后会根据单击处的像素颜色及容差产生一块选区。魔术橡皮擦工具的操作方式也是如此，只不过它将这些像素予以抹除，从而留下透明区域。换言之，魔术橡皮擦的作用过程可以理解为三合一：用魔棒创建选区、删除选区内像素、取消选区。图 5-19 是魔术橡皮擦的选项，可以看出与魔棒工具相似。"容差"和"连续"的作用就不重复介绍了。"对所有图层取样"如果开启将对所有图层有效，关闭的话就只能针对目前所选择的图层有效。"不透明度"决定删除像素的程度，100%的话为完全删除，被操作的区域将完全透明。减小不透明度数值的话就得到半透明的区域。

| 容差: 32 | ☑消除锯齿 | ☑连续 | □对所有图层取样 | 不透明度: 100% |

图 5-19　魔术橡皮擦工具属性栏

几种橡皮擦工具的作用无一例外都是用来抹除像素的，在实际使用中建议大家通过选区和蒙版来达到抹除像素的目的，尽量不要直接使用有破坏作用的橡皮擦工具。

第6章 编辑和修饰图像

6.1 图像的编辑

6.1.1 图像的撤消、向前与返回

1. 撤消

当对图像进行了一次错误的操作或不必要的操作时，可通过菜单【编辑】|【撤消】命令，将图像恢复到最近一次操作前的状态，或按 Ctrl+Z 键进行撤消。

2. 向前

当对图像进行了一次操作后，可通过菜单【编辑】|【向前】命令，将图像返回到前一步操作的状态，或按 Shift+Ctrl+Z 键实现向前操作。

3. 返回

当对图像进行了一次操作后，可通过菜单【编辑】|【返回】命令，将图像返回到后一步操作的状态，或按 Alt+Ctrl+Z 键实现返回操作。

6.1.2 图像的剪切、拷贝、合并拷贝和粘贴、粘贴入

1. 剪切

在图像中制作选区后，该剪切命令变为可用状态，作用是把当前图层中选中的区域剪切到剪贴板中，当当前图层是背景层时剪切后的区域以背景色填充，否则用透明填充，如图 6-1、图 6-2 和图 6-3 所示。可通过菜单【编辑】|【剪切】命令实现该操作，或者按 Ctrl+X 键实现剪切操作。

图 6-1 剪切前　　　　　　图 6-2 背景层剪切后　　　　图 6-3 非背景层剪切后

2. 拷贝

在图像中制作选区后，可以把当前图层中选中的区域复制到剪贴板中。可通过菜单【编辑】|【拷贝】命令实现该操作，或者按 Ctrl+C 键实现拷贝操作。操作如图 6-4 和图 6-5 所示。

图 6-4　操作前

3. 合并拷贝

当图像有多层时，该命令将把选区中各层的内容复制到剪贴板中。可通过菜单【编辑】|【合并拷贝】命令实现该操作，或者按 Shift+Ctrl+C 键实现拷贝操作。操作效果如图 6-6 所示。

图 6-5　拷贝操作后

图 6-6　合并拷贝操作后

4. 粘贴

可以将剪贴板中的内容粘贴到当前图像文件的一个新层中。【粘贴】命令可以多次使用，还可以把剪贴板中的内容粘贴到不同的图形文件中。可通过菜单【编辑】|【粘贴】命令实现该操作，或者按 Ctrl+V 键实现粘贴操作。

5. 粘贴入

可以将剪贴板中的内容粘贴到当前图像文件的一个新层中。如果是同一个图形文件，将被置于与选区相同的位置处。如果是不同的图像文件，则该图像文件中必须有一个选区，这样才能把剪贴内容正确放置到选区内。可通过菜单【编辑】|【粘贴入】命令实现该操作，或者按 Shift+Ctrl+V 键实现粘贴入操作。

6.1.3　图像的清除

可以将图像中当前层内选区里的图像删除，可通过菜单【编辑】|【清除】命令实现该操作，或者按 Delete 键实现删除操作。操作结果对图像的影响同剪切结果类似。

6.2　图像、画布大小的调整

1.　图像大小的调整

单击菜单【图像】|【图像大小】命令，调出【图像大小】对话框，如图 6-7 所示，在此对话框中进行相应的设置，然后选择【确定】按钮即可。

约束比例：选择此选项时，图像的宽度和高度成比例改变。

2.　画布大小的调整

一幅图像如果没有占满整个画布的空间，则会使文件过大，为了在完整保留图像的情况下，又能减小图像文件的大小，可以通过调整画布大小来完成。单击菜单【图像】|【画布大小】命令，调出【画布大小】对话框，如图 6-8 所示，在此对话框中进行相应的设置即可。

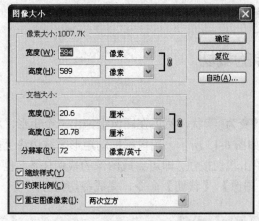

图 6-7　【图像大小】对话框　　　　　　　图 6-8　【画布大小】对话框

使用【图像大小】命令一般操作多次才能达到满意的效果，如果需要精确并满意可使用菜单【图像】|【修整】命令，打开【修整】对话框，如图 6-9 所示，在此对话框中进行相应的设置即可。

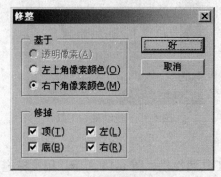

图 6-9　【修整】对话框

- 基于：用来确定修整依据的像素或像素颜色。
- 修掉：用来确定哪部分是多余的内容。

3. 旋转画布

当画布中的图像不便观察时，如图 6-10 所示。需对画布做一定的旋转，单击菜单【图像】|【旋转画布】命令，则弹出如图 6-11 所示的子菜单，选择【90 度（逆时针）】命令，得以如图 6-12 所示的效果。

图 6-10　旋转前　　　　图 6-11　【旋转画布】子菜单　　　图 6-12　旋转后

6.3　图像的裁切

1. 裁切图像

单击工具箱内的 🔲 裁切工具，此时鼠标指针变为 🔲 状，然后在图像上拖出一个矩形，将要保留的图像圈起来，创建一个矩形裁切区域，如图 6-13 所示。用鼠标拖动矩形区域边缘上的 8 个控制柄可调整裁切图像的大小，调整好然后单击裁切按钮，即可完成图像的裁切任务。也可直接按回车键或单击属性栏上的 ✔ 或单击菜单【图像】|【裁切】命令，完成裁切任务。

图 6-13　拖动裁切工具

2. 裁切工具属性栏

单击裁切工具后，裁切工具属性栏如图 6-14 所示，用鼠标拖出一个矩形后的裁切工具属性栏如图 6-15 所示，两个属性栏的各选项的作用如下。

图 6-14　裁切工具属性栏一

图 6-15　裁切工具属性栏二

- 宽度、高度：可输入固定的数值，直接完成图像的裁切。如果无数据，则可得到任意大小的矩形区域。
- 分辨率：输入数值确定裁切后图像的分辨率，后面可选择分辨率的单位。
- 前面的图像：单击可调出前面图像的裁切尺寸。
- 清除：清除现有的裁切尺寸，以便重新输入。
- 删除：删除裁切掉的图像。
- 隐藏：将裁切掉的图像隐藏。
- 屏蔽：单击它后，会在矩形裁切区域外的图像之上形成一个遮罩。
- 颜色：用来设置遮罩层的颜色。
- 不透明度：用来设置遮罩层的不透明度。
- 透视：选择了【裁切区域】栏内的【删除】选项后，该选项有效，单击透视选项后，可用鼠标拖动矩形的裁切区四角的控制柄，使矩形裁切区域呈透视状。

6.4　图像的修饰

Photoshop CS2 提供了非常多的修饰工具，有修复画笔工具组，图章画笔工具组等。它们的功能是辅助画笔工具对绘制的图像进行相应的修补，从而获得更好的图像效果。

6.4.1　修复画笔工具组

修复画笔工具组包括"污点修复画笔工具"、"修复画笔工具"、"修补工具"，如图 6-16 所示。

1. 污点修复画笔工具

污点修复画笔工具，如图 6-16 所示，是一个非常简单易用的工具。它非常适合修复那些非常小的污点，主要用于快速移去图像中的污点。和修复画笔工具相似，污点修复画笔工具使用图像或图案中的样本进行绘画，并将样本的纹理、光照、透明度和阴影与所修复的像素相匹配。与修复画笔不

图 6-16　修复画笔工具组

同，污点修复画笔工具不需要先取样，污点修复画笔工具将会在需要修复区域外的图像周围自动取样，如图 6-17 和图 6-18 所示。

单击污点修复画笔工具后，其属性栏如图 6-19 所示。在"类型"后面有两个选项，当选中"近似匹配"时，自动修复的像素可以获得较平滑的修复效果，当选中"创建纹理"时，自动修复的像素将会以修复区域周围的纹理填充修复结果。"对所有图层取样"选项可以使用污点修复画笔工具在修复过程中取样于所有可见图层。

2. 修复画笔工具

修复画笔工具可以清除图像中的蒙尘、划痕及褶皱等，同时保留图像的阴影、光照和纹理等效果，从而使修复后的图像更加自然地融入图像的其余部分。

图 6-17　修复前　　　　　　　　　　　　　图 6-18　修复后

画笔 ▾ 　画笔：54 ▾ 　模式：正常 ▾ 　类型：◉近似匹配　◯创建纹理　☑对所有图层取样

图 6-19　污点修复画笔工具属性栏

单击工具箱中的修复画笔工具，其工具属性栏如图 6-20 所示。修复结果如图 6-21 所示。

画笔 ▾ 　画笔：19 ▾ 　模式：正常 ▾ 　源：◉取样　◯图案：　□对齐的　□用于所有图层

图 6-20　修复画笔工具属性栏

图 6-21　左图为修复前，右图为修复后

画笔：选择合适的画笔样本，并设置相应的画笔选项，如直径、硬度等。

模式：正常：选择适当的混合模式，一般选择正常模式。

源：◉取样　◯图案：选择取样模式，当选择取样时，用图像进行修复，当选择图案时，用图案进行修复。

□对齐：选择该复选框，可以复制一幅图像，系统将以基准点对齐，即使是多次复制图像，也是复制一幅图像。不选择该复选框时，则在复制图像中重新拖动鼠标，将会重新复制图像，而不是继续前面的复制工作。

使用修复画笔工具进行修复的步骤如下：

（1）选择修复画笔工具。

（2）选择合适的画笔，并进行相应的设置。

（3）选择合适的混合模式。

（4）选择"取样"模式。若选择"图案"模式，则无需取样直接单击修复即可。

（5）按下 Alt 键的同时在好的图像处单击左键进行取样，然后松开左键。注意在修复过程中，取样时最好在不好图像的附近处取好的图像作为取样点。

（6）在不好的图像处单击，完成修复。其他修复过程的操作一样，最好每修复一处之前都遵循取样、修复的步骤。

3．修补工具

使用修补工具可以从图像的其他区域取样或使用图案来修补当前选中的区域。与修复画笔工具的相似之处是修复的同时保留图像原来的纹理、亮度以及层次等信息。单击修补工具后，打开相应的属性栏，如图 6-22 所示。

图 6-22　修补工具属性栏

修补：选择"源"时，则选区中的内容为要修改的内容；选择"目标"时，则选区移到的区域中的内容为要修改的内容，如图 6-23、图 6-24、图 6-25 所示。

  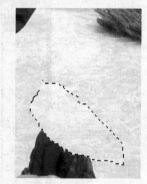

图 6-23　修补前　　　　图 6-24　选择"源"修补后　　图 6-25　选择"目标"修补后

使用图案：在创建选区后，该按钮和其右边的图案选择列表将变为有效，选择要填充的图案后，单击该按钮，即可将选中的图案填充到选区中。

修补工具的使用方法有些特殊，更像打补丁。首先使用修补工具或其他选区工具将需要修补的地方定义出一个选区，然后使用修补工具将它的属性栏中的"源"选中，再将选区拖到希望采样的地方，效果如图 6-26 所示。

图 6-26　修补工具的应用

6.4.2 图章工具组

图章工具组包括仿制图章工具和图案图章工具，如图 6-27 所示。

图 6-27 图章工具组

1. 仿制图章工具

仿制图章工具可以准确地复制图像的一部分或者全部，从而产生某个部分或全部的拷贝，它是修补图像的有力武器。仿制图章工具应用到了笔刷，因此使用不同直径的笔刷将影响绘制范围，而不同软硬度的笔刷将影响绘制区域的边缘。一般建议使用较软的笔刷，那样复制出来的区域周围与原图像可以比较好地融合。当然，如果选择异型笔刷（枫叶、茅草等），复制出来的区域也将是相应的形状。因此在使用前要注意笔刷的设定是否合适。

仿制图章工具也可以经常用来修补图像中的破损之处。方法就是用周围临近的像素来填充。仿制图章工具也可以用来改善画面。比如，使用仿制图章工具去除文字是比较常用的方法。具体的操作是，选取仿制图章工具，按住 Alt 键，在无文字区域单击相似的色彩或图案采样，然后在文字区域拖动鼠标复制以覆盖文字，如图 6-28 所示。

图 6-28 应用仿制图章工具

注意：采样点即为复制的起始点。选择不同的笔刷直径会影响绘制的范围，而不同的笔刷硬度会影响绘制区域的边缘融合效果。

此外，更改仿制图章的绘图模式，所复制出来的图像效果也会产生改变，原理等同于图层混合模式的改变。

注意，在跨图像复制的时候，除了定义好采样点的位置，也必须看清楚是否选择了正确的图层（如果有多个图层存在的话），否则就会发生无法复制或错误复制的可能。

2. 图案图章工具

图案图章工具与仿制图章工具的功能基本一样，只是它复制的不是以基准点确定的图像，而是图案。图案图章工具的属性栏如图 6-29 所示。

图 6-29 图案图章工具属性栏

图案图章工具复制图像的操作步骤如下：

（1）打开一幅图像。

（2）使用矩形选框工具，在图像中创建一个选区，如图 6-30 所示。

（3）单击【编辑】|【定义图案】菜单命令，打开【图案名称】对话框，如图 6-30 所示，然后单击【好】按钮。

图 6-30 定义图案

（4）单击工具箱中的图案图章工具，在其属性栏内进行画笔、模式、不透明度设置，选择图案列表框内相应的图案，选择"对齐"复选框，目的是复制一幅图像。

（5）新建一个文件，然后在该文件的画布窗口中拖动鼠标，即可出现如图 6-31 所示的效果。如果不选择"对齐"复选框，则在复制图像过程中，重新拖动鼠标时，将会重新复制图像而不是继续前面的工作，如图 6-32 所示。

图 6-31 选择对齐

图 6-32 不选择对齐

6.4.3　渲染工具组

渲染工具组分别放置在两个工具箱内，共有 6 个工具，如图 6-33 和图 6-34 所示。

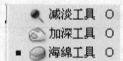

图 6-33　渲染工具组一　　　　　　　　　图 6-34　渲染工具组二

1. 模糊工具

模糊工具用来将图像突出的色彩和锐利的边缘进行柔化，使图像模糊。模糊工具的属性栏如图 6-35 所示。其"强度"文本框是用来调整压力大小的，压力值越大，模糊作用越大。效果如图 6-36 和图 6-37 所示。

图 6-35　模糊工具属性栏

图 6-36　模糊前　　　　　　　　　　　　图 6-37　模糊后

2. 锐化工具

锐化工具与模糊工具的作用正好相反，它是用来将图像相邻颜色的反差加大，使图像的边缘更锐利。锐化工具的属性栏如图 6-38 所示，锐化工具的使用方法与模糊工具的使用方法一样，效果如图 6-39 所示。

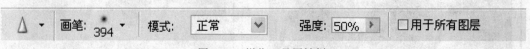

图 6-38　锐化工具属性栏

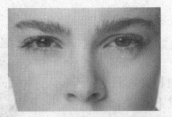

图 6-39　左图为锐化前，右图为锐化后

3. 涂抹工具

涂抹工具可以模拟出用手指涂抹颜料的效果，在颜色的交界处使用涂抹工具，会产生相邻的颜色互相渗入的模糊感。涂抹工具不能在位图和索引颜色模式的图像上使用。应用效果如图 6-40 所示。

图 6-40　左图为涂抹前，右图为涂抹后

4. 减淡/加深工具

减淡工具和加深工具是用于调节照片特定区域的曝光度的传统摄影技术，可用于使图像区域变亮或变暗。摄影师减弱光线以使照片中的某个区域变暗（加深），或增加曝光度使照片中的区域变亮（减淡）。

选择减淡/加深工具后其属性栏如图 6-41 和图 6-42 所示。

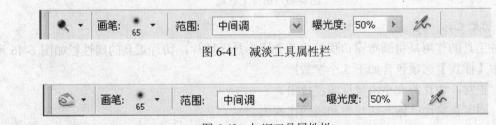

图 6-41　减淡工具属性栏

图 6-42　加深工具属性栏

使用减淡工具或加深工具的操作步骤如下：

（1）选择减淡工具 🔍 或加深工具 ☁。

（2）在属性栏中选取画笔笔尖并设置画笔选项。

在属性栏中，选择下列选项之一：

- 【中间调】：更改灰色的中间范围。
- 【暗调】：更改暗区。
- 【高光】：更改亮区。

（3）为减淡工具或加深工具指定曝光。单击"喷枪"按钮 🖌，将画笔用作喷枪。或者，在【画笔】面板中选择"喷枪"选项，在要变亮或变暗的图像部分上拖移，效果如图 6-43 所示。

5. 海绵工具

可以对图像进行加色和去色来改变图像的饱和度。海绵工具可精确地更改区域的色彩饱和度。在灰度模式下，该工具通过使灰阶远离或靠近中间灰色来增加或降低对比度。

图 6-43 应用喷枪的效果

选择海绵工具后其属性栏如图 6-44 所示。

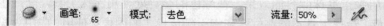

图 6-44 海绵工具属性栏

使用海绵工具的操作步骤如下：

（1）选择海绵工具 。

（2）在属性栏中选取画笔笔尖并设置画笔选项。

（3）在属性栏中，选择要用来更改颜色的方式。

● 【饱和】：增强颜色的饱和度。

● 【去色】：稀释颜色的饱和度。

（4）为海绵工具指定流量，在要修改的图像部分拖移。

6.5 切片工具组

工具箱内的切片工具组有两个工具，如图 6-45 所示。

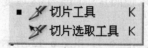

图 6-45 切片工具组

1. 切片工具

切片工具的作用是将画布窗口切分成几个矩形热区切片，切片工具的属性栏如图 6-46 所示，其中【样式】选项包含如下 3 个参数：

● 正常：切片的大小由鼠标随意拉出。

● 固定长宽比：输入切片宽和高的比例值。

● 固定大小：输入宽度和高度的数值，切割时按照此数值自动切割。

图 6-46 切片工具属性栏

选择切片工具，按下鼠标左键在画布窗口拖动鼠标，即可创建切片，切片分为用户切片和自动切片，用户切片是用户自己创建的，自动切片是系统自动创建的。用户切片的外框线的颜色与自动切片的外框线颜色不一样，而是高亮显示，如图 6-47 所示。将鼠标指针移到自动切片内，单击鼠标右键，弹出一个快捷菜单，如图 6-48 所示，再单击菜单中的【提升到用户切片】命令，即可将自动切片转换为用户切片。

图 6-47　用户切片

当选择【编辑切片选项】命令时，弹出【切片选项】对话框，如图 6-49 所示。

图 6-48　快捷菜单　　　　　　　　图 6-49　【切片选项】对话框

在图 6-49 的 URL 文本框输入网页的 URL，即可建立切片与网页的超级链接。

2. 切片选取工具

切片选取工具主要用来选取切片，其属性栏如图 6-50 所示。

图 6-50　切片选取工具属性栏

各选项的作用如下：

：用来移动多层切片的位置，分别是移到最上边，向上移一层，向下移一层，移到最下边。当需要调整切片的大小与位置时，单击切片选取工具，然后选择要调整的用户切片。用鼠标拖动切片，即可移动切片，用鼠标拖动用户切片边框上的灰色方形控制柄，即可调整用户切片的大小。

：单击【切片选项】按钮，则会打开【切片选项】对话框，单击【提升到用户切片】按钮，则可将自动切片转换为用户切片。单击【划分切片】按钮，则可打开【划分切片】对话框，如图 6-51 所示。

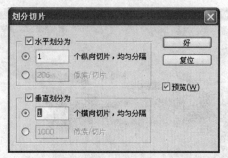

图 6-51　【划分切片】对话框

隐藏自动切片 ：单击该按钮可隐藏自动切片，同时该按钮变为【显示自动切片】。再单击【显示自动切片】按钮，可显示隐藏的自动切片，同时该按钮变为【隐藏自动切片】。

6.6　注释工具组

工具箱内的注释工具组有两个工具，如图 6-52 所示。

1. 注释工具

注释工具用来向图像加入文字注释，注释工具的属性栏如图 6-53 所示。

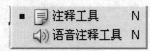

图 6-52　注释工具组

图 6-53　注释工具属性栏

各选项的作用如下：
- 作者：用来输入作者的名字，作者的名字会出现在注释窗口的标题栏内。
- 字体：用来选择注释文字的字体。
- 大小：用来选择注释文字的大小。
- 颜色：单击它后，可调出拾色器对话框，用来选择注释文字的颜色。
- 清除全部：单击它后，可清除全部注释文字。

给图像加入注释文字的方法是：单击工具箱内的【注释工具】图标，再在图像上用鼠标单击或拖动，即可出现一个注释窗口，在该窗口内可以输入注释文字，如图 6-54 所示。

图 6-54　加入注释文字

　　注释窗口左上角的图标 ▨ 是注释图标，双击此图标，可以关闭注释窗口，在图像上只留有注释图标，再双击注释图标，又可以打开注释窗口。用鼠标拖动注释窗口的标题栏，可以移动注释窗口，用鼠标拖动注释图标，可以移动注释图标。

　　另外，还可以通过单击菜单命令，导入外部注释文件。

　　2. 语音注释工具

　　语音注释工具用来向图像加入声音注释。语音注释工具的属性栏如图 6-55 所示。

图 6-55　语音注释工具属性栏

　　单击语音注释工具，再用鼠标在图像上单击，即可调出【语音注释】对话框，如图 6-56 所示，单击【开始】按钮后，可通过话筒进行录音，即加入语音注释。进行录音后，单击【停止】按钮，即退出该对话框。这时图像上会出现一 🔊 语音注释图标，以后只要单击语音注释图标，即可听到相应的声音，同样也可通过用鼠标拖动语音注释工具来移动语音注释工具图标。

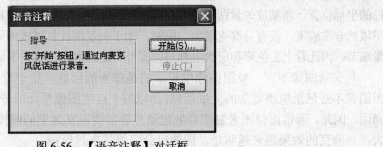

图 6-56　【语音注释】对话框

第7章　路径和矢量图形

在 Photoshop 中，路径对于绘制图形和处理图像都起着非常重要的作用。使用路径可以对复杂图像进行选取；可以存储选取区域以备再次使用；可以绘制线条平滑的优美图形。因此，对于一个 Photoshop 高手来说，熟练掌握和运用路径是非常重要的。本章主要来了解路径和与绘制路径相关的几种工具，以及学习这些工具的使用方法和运用技巧。

7.1　路径的概述

图像有两种基本构成方式，一种是矢量图像，另一种是位图图像。对于矢量图像来说，路径和点是其两个组成元素。路径指矢量对象的线条，点则是确定路径的基准。在矢量图像的绘制中，图像中每个点和点之间的路径是通过计算自动生成的，在矢量图形中记录的是图像中每个点和路径的坐标位置。当缩放矢量图形时，实际上改变的是点和路径的坐标位置。当缩放完成时，矢量图依然非常清晰，没有马赛克现象。同时，由于矢量图计算模式的限制，一般无法表达大量的图像细节，因此看上去色彩和层次上都与位图有一定的差距，感觉不够真实，缺乏质感。

与矢量图像不同，位图图像中记录的是像素的信息，整个位图图像是由像素构成的。位图图像不必记录烦琐复杂的矢量信息，而以每个点为图像单元的方式真实地表现自然界中任何画面。因此，通常用位图来制作和处理照片等需要逼真效果的图像。但是，随着位图图像的放大，马赛克的效果越来越明显，图像也会变得越来越模糊。

路径不直接在图像的像素上产生作用，主要用于精细调整或修改路径的开关，确定之后再进行处理。路径还可以选取复杂的图像，绘制线条平常的优美图像。结合使用铅笔工具和路径面板，可以对创建的路径进行任意形状的改变。

7.2　路径面板

在 Photoshop CS2 的菜单中执行【窗口】|【路径】命令，调出【路径】面板。在创建路径后，会在【路径】面板中显示相应路径，如图 7-1 所示。

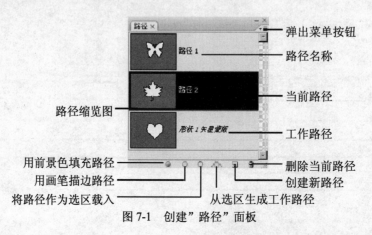

图 7-1　创建"路径"面板

- 路径缩览图：显示该路径的预览缩览图，可以观察到路径的形状。
- 弹出菜单按钮：单击此按钮，会弹出快捷菜单，如图 7-2 所示，从中可以选择相应的菜单命令。

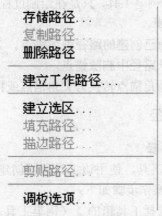

图 7-2 路径弹出菜单

- 路径名称：便于在多个路径之间区分。如果在新建路径时不输入新路径的名称，Photoshop CS2 会自动依次命名为路径 1、路径 2、路径 3，依此类推。
- 当前路径：选中某一路径后，会以蓝色显示这一路径，此时，图像中只显示这一路径的整体效果。
- 工作路径：是一种临时路径，名称以斜体字表示。在建立一个新的工作路径时，原有工作路径将被删除。
- 用前景色填充路径：单击此按钮，可以按设置的绘图工具和前景色的颜色沿着路径进行描边。
- 将路径作为选区载入：单击此按钮，可以将当前路径转换为选取范围。
- 从选区生成工作路径：单击此按钮，可以将当前选区转换为工作路径。
- 创建新路径：单击此按钮，可以创建一个新路径。
- 删除当前路径：单击此按钮，可以删除当前选中的路径。

7.3 路径的创建与编辑

在 Photoshop 中提供了 3 个工具组用来创建和编辑路径，如图 7-3 所示。路径工具如下：

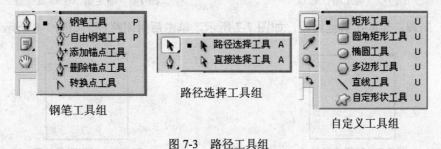

图 7-3 路径工具组

右击工具箱中的 （钢笔工具），将弹出路径工作组，路径工作组中包含 5 个工具，其功能如下：

（钢笔工具）：路径工具组中最精确的绘制路径工具，可以绘制光滑而复杂的路径。

（自由钢笔工具）：类似于钢笔工具，只是在绘制过程中将自动生成路径。通常情况下，该工具生成的路径还需要再次编辑。

（添加锚点工具）：用于为已创建的路径添加锚点。

（删除锚点工具）：用于从路径中删除锚点。

（转换点工具）：用于将圆角锚点转换为尖角锚点或将尖角锚点转换为圆角锚点。

7.3.1　利用钢笔工具创建路径

1．使用钢笔工具绘制直线路径

钢笔工具是建立路径的基本工具，使用该工具可以创建直线路径和曲线路径。下面使用钢笔工具绘制一个三角形，具体操作步骤如下：

（1）新建一个文件，然后选择工具箱的（钢笔工具），此时钢笔工具属性栏如图 7-4 所示。

图 7-4　钢笔工具属性栏

：这三个按钮分别用于创建开关图层、创建工作路径和填充区域。

：可以在铅笔工具和自由铅笔工具及各个开关工具间切换。

复选框：当选中该复选框，在创建路径的过程中光标有时会自动变成自动添加锚点和删除锚点，方便用户精确控制创建的路径。

：这四个按钮分别用于添加到路径区域、从路径区域减去、交叉路径区域和重叠路径区域。

（2）将光标移到图像窗口，单击确定路径起点，如图 7-5 所示。

（3）将光标移到要建立的第二个锚点的位置上单击，即可绘制连接第二个锚点与开始点的线段，结果如图 7-6 所示。

图 7-5　确定路径起点　　　　　　　图 7-6　确定第二个锚点位置

（4）同理，绘制出其他线段，如图 7-7 所示，单击后封闭路径，如图 7-8 所示。

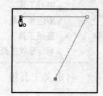
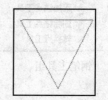

图 7-7　封闭路径标志　　　　　　　图 7-8　封闭路径效果

2．使用钢笔工具绘制曲线路径

使用钢笔工具除了可以绘制直线路径外，还可以绘制曲线路径。下面使用钢笔工具绘制一个心形，具体操作步骤如下：

（1）选择工具箱上的 　（钢笔工具）。

（2）将光标移到图像窗口，单击确定路径起点。

（3）移动光标，在适当的位置单击，并且不动开鼠标进行拖动，此时可在该锚点处出现一条有两个方向点的方向线，如图 7-9 所示，确定其方向后松开鼠标。

（4）同理，继续绘制其他曲线，结果如图 7-10 所示。

图 7-9　拉出方向线

图 7-10　绘制曲线

7.3.2　利用自由钢笔工具创建路径

自由钢笔工具的功能与钢笔工具基本相同，但是操作方式略有不同。钢笔工具是通过建立锚点来建立路径，而自由钢笔工具是通过绘制曲线来勾绘路径，会自动添加锚点。

使用自由钢笔工具绘制路径的具体操作步骤如下：

（1）打开一个图像文件。

（2）选择工具箱中的 　（自由钢笔工具），其选项栏如图 7-11 所示。

- 曲线拟合：用于控制路径的圆滑程度，取值范围为 0.5～10 像素，数值越大，创建的路径锚点越少，路径也越圆滑。
- 磁性的：与"磁性套索工具"相似，也是通过选区边缘在指定宽度内的不同像素值的反差来确定路径，差别在于使用磁性钢笔生成的是路径，而"磁性套索工具"生成的为选区。
- 钢笔压力：在使用光笔绘图板时才起作用，当选中该复选框时，钢笔压力的增加将导致宽度减小。

（3）在图像工作区按下鼠标不放，沿图像的边缘拖动鼠标，此时将会自动生成锚点，结果如图 7-12 所示。

图 7-11　自由钢笔工具选项栏

图 7-12　自动生成的锚点

7.3.3 利用路径面板创建路径

通常，用户建立的路径都被系统保存为工作路径，如图 7-13 所示，当用户在【路径】面板上单击取消路径的显示状态，再次绘制新路径时，该工作路径将被替换，如图 7-14 所示。

图 7-13　工作路径　　　　　　　　　　　图 7-14　被替换的工作路径

为了避免这种情况发生，在绘制路径前，可以单击【路径】面板下方的 ■（创建新路径）按钮，创建一个新路径。然后，再使用 ✎（钢笔工具）绘制路径即可。

通常新建的路径被依次命名为【路径 1】、【路径 2】……，如果需要在新建路径时重命名路径，可以按住 Alt 键的同时单击【路径】面板下方的 ■（创建新路径）按钮，此时会弹出【新建路径】对话框，如图 7-15 所示。输入所需的名称，单击【确定】按钮，即可创建新的路径。

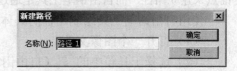

图 7-15　【新建路径】对话框

7.3.4 工具的使用

1. 添加锚点工具

✎（添加锚点工具）用于在已创建的路径上添加锚点。添加锚点的具体步骤如下：

（1）选择工具箱中的 ✎（添加锚点工具）。

（2）将鼠标移到路径上需添加锚点的位置，如图 7-16 所示，单击即可添加一个锚点，如图 7-17 所示。

图 7-16　将鼠标移到路径上需添加锚点的位置　　　　图 7-17　添加锚点的效果

2. 删除锚点工具

 （删除锚点工具）用于从路径中删除锚点。删除锚点的具体操作步骤如下：

（1）选择工具箱中的 （删除锚点工具）。

（2）将鼠标移动到要删除锚点的位置，如图 7-18 所示。单击即可删除一个锚点，如图 7-19 所示。

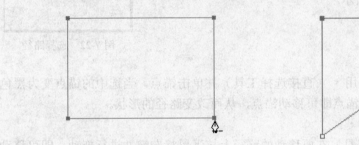
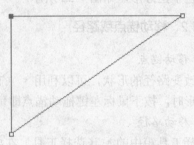

图 7-18 将鼠标移动到要删除锚点的位置   图 7-19 删除锚点的效果

3. 转换点工具

利用 （转换点工具），如图 7-20 所示，可以将一个两侧没有控制柄的直线形锚点，转换为两侧具有控制柄的圆滑锚点，如图 7-21 所示，或将圆滑锚点转换为曲线形锚点。转换锚点的具体操作步骤如下：

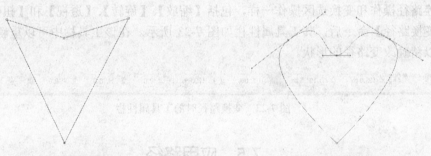

图 7-20 直线形锚点   图 7-21 圆滑锚点

（1）选择工具箱中的 （转换点工具）。

（2）在直线形锚点上按住鼠标左键并拖动，可以将锚点转换为圆滑锚点；反之，在圆滑锚点上单击，则可以将该锚点转换成直线形锚点。

7.4 选择和变换路径

初步建立的路径往往很难符合要求，此时可以通过调整锚点的位置和属性来进一步调整路径。

7.4.1 选择锚点或路径

1. 选择锚点

在对已绘制的路径进行编辑操作时，往往需要选择路径中的锚点或整条路径。如果选择路径中的锚点，只需选择工具箱中的 （直接选择工具），然后在路径锚点处单击或框选即可。

此时选中的锚点会变为黑色小正方形，未选中的锚点是空心小正方形。

2．选择路径

如果在编辑中需要选择整条路径，可以选择工具箱中的 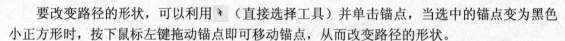（选择工具），然后单击要选择的路径即可，此时路径上的全部锚点显示为黑色小正方形，如图 7-22 所示。

图 7-22　选择路径

7.4.2　移动锚点或路径

1．移动锚点

要改变路径的形状，可以利用 （直接选择工具）并单击锚点，当选中的锚点变为黑色小正方形时，按下鼠标左键拖动锚点即可移动锚点，从而改变路径的形状。

2．移动路径

选择工具箱中的 （选择工具）在要移动的路径上按下鼠标左键并进行拖动，即可移动路径。

7.4.3　变换路径

选中要变换的路径，在菜单中执行【编辑】|【自由变换路径】命令或在菜单中执行【编辑】|【变换路径】子菜单中的命令，即可对当前所选择的路径进行变换操作。

变换路径操作和变换选区操作一样，包括【缩放】、【旋转】、【透视】和【扭曲】等操作。执行【变换路径】命令后，其工具属性栏如图 7-23 所示。在该工具栏中可以重新定义其中的数值，以精确改变路径的形状。

图 7-23　变换路径时的工具属性栏

7.5　应用路径

应用路径包括【填充路径】、【描边路径】、【删除路径】、【剪切路径】、【将路径转换为选区】和【将选区转换为路径】操作。

7.5.1　填充路径

对于封闭的路径，Photoshop CS2 还提供了用指定的颜色、图案、历史记录等对路径所包围的区域进行填充的功能，具体操作步骤如下：

（1）首先选中要编辑的图层，然后在【路径】面板中选中要填充的路径。

（2）单击【路径】面板右上角的右三角按钮，或者按 Alt 键单击【路径】面板下方的 （用前景色填充路径）按钮，弹出如图 7-24 所示的【填充路径】对话框。

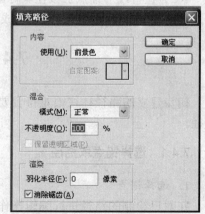

图 7-24　【填充路径】对话框

- 使用：设置填充方式，可选择使用前景色、背景色、图案、历史记录等。
- 模式：设置填充的像素与图层原来像素的混合模式，默认为"正常"。
- 不透明度：设置填充像素的不透明度，默认为100%，即完全不透明。
- 保留透明区域：填充时对图像中的透明区域不进行填充。
- 羽化半径：用于设置羽化边缘的半径，范围是0～255像素。使用羽化会使填充的边缘过渡更为自然。
- 消除锯齿：在填充时消除锯齿状边缘。

（3）此时选择一种图案，羽化半径设为10，如图7-25所示，单击【确定】按钮，结果如图7-26所示。

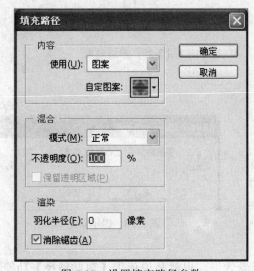

图 7-25 设置填充路径参数

图 7-26 填充路径效果

7.5.2 描边路径

【描边路径】命令可以沿任何路径创建描边。具体操作步骤如下：

（1）首先选中要编辑的图层，然后在【路径】面板中选中要描边的路径。

（2）选择工具箱中的 ✎（画笔工具），单击【路径】面板右上角的右三角按钮，或者按住 Alt 键单击【路径】面板下方的 ◯（用画笔描边路径）按钮，弹出如图7-27所示的对话框。

图 7-27 【描边路径】对话框

- 工具：可在此下拉列表框中选择要使用的描边工具，如图7-28所示。
- 模拟压力：选中此复选框，则可模拟绘画过程中加压力起笔时从轻到重，提笔时从重变轻的变化。

（3）此时选择"画笔"，单击【确定】按钮，结果如图7-29所示。

图 7-28 选择描边工具

图 7-29 描边效果

7.5.3 删除路径

删除路径的具体操作步骤如下：

（1）选中要删除的路径。

（2）单击【路径】面板下方的 🗑 （删除当前路径）按钮，在弹出的如图 7-30 所示的对话框中单击【是】按钮，即可删除当前路径。

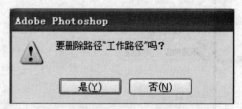

图 7-30 提示信息框

7.5.4 剪贴路径

【剪贴路径】命令主要是制作印刷中的去背景效果。也就是说使用【剪贴路径】功能输出的图像插入到 InDesign 等排版软件中，路径之内的图像会被输出，而路径之外的区域不进行输出。

7.5.5 将路径转换为选区

在创建比较复杂的选区时，如将物体从背景图像中抠出来，而物体和周围环境的颜色又十分接近，在使用魔棒工具不易选取时，可以使用 ✎ （钢笔工具）。可先沿着想要的选区边缘进行比较精细的绘制，然后可以对路径进行编辑操作，在满意之后再将其转换为选区。将路径转换为选区的具体操作步骤如下：

（1）在【路径】面板中选中要转换为选区的路径，如图 7-31 所示。

（2）单击【路径】面板右上角的右三角按钮，从弹出的快捷菜单中选择【建立选区】命令，或者按 Alt 键，单击路径面板下方的 ○ （将路径作为选区载入）按钮，弹出如图 7-32 所示的【建立选区】对话框。

● 羽化半径：用于设置羽化边缘的半径，范围是 0～255 像素。

● 消除锯齿：用于消除锯齿状边缘。

● 操作：可设置新建选区与原有选区的操作方式。

（3）单击【确定】按钮，即可将路径转换为选区，如图 7-33 所示。

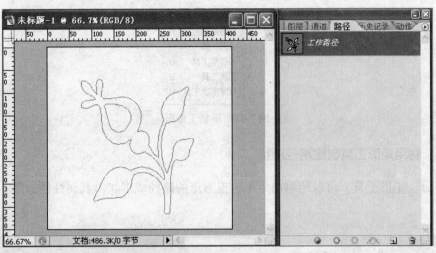

图 7-31　选中要转换为选区的路径

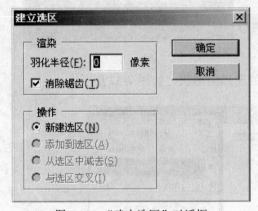

图 7-32　"建立选区"对话框

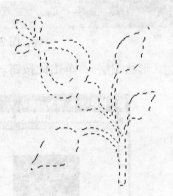

图 7-33　将路径转换为选区

7.5.6　将选区转换为路径

Photoshop CS2 还可以将选区转换为路径，具体步骤如下：

（1）选择要转换为路径的选区。

（2）单击【路径】面板右上角的右三角按钮，
从弹出的快捷菜单中选择【建立工作路径】命令，
或者按 Alt 键，单击【路径】面板下方的 （从
选区生成工作路径）按钮，在弹出的对话框中进
行设置，如图 7-34 所示，单击【确定】按钮，即
可将选区转换为路径。

图 7-34　设置【建立工作路径】参数

7.6　创建路径形状

在工具箱的 ▭（矩形工具）上右击，将弹出图 7-35 所示的工作组。运用这组工具可以快
速创建矩形、圆角形和椭圆等形状的图形。

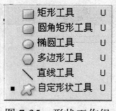

图 7-35　形状工作组

7.6.1　利用矩形工具创建路径形状

使用 ▢（矩形工具）可以绘制出矩形、正方形的路径或形状，其属性栏如图 7-36 所示。

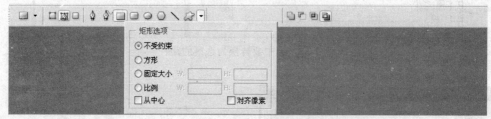

图 7-36　矩形工具属性栏

- ▢（形状图层）：单击此按钮，绘制出的图形为形状，如图 7-37 所示。

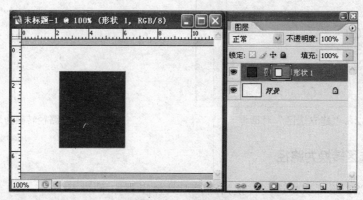

图 7-37　绘制形状

- ▨（路径）：单击此按钮，绘制出的图形为路径，如图 7-38 所示。

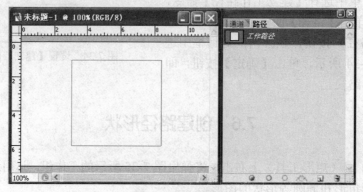

图 7-38　绘制路径

- （填充像素）：单击此按钮，绘制出的图形为普通的填充图形，如图 7-39 所示。

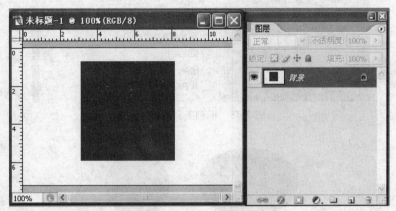

图 7-39 绘制填充图形

- 不受约束：可绘制出任意大小的矩形。
- 方形：可绘制出任意大小的正方形。
- 固定大小：在 W 中输入宽度，在 H 中输入高度，可绘出指定大小的矩形。
- 比例：在 W 和 H 中输入水平和垂直比例值，可绘制指定比例的矩形。
- 从中心：从中心开始绘制矩形。
- 对齐像素：使矩形边缘对齐像素。

7.6.2 利用圆角矩形工具创建路径形状

 （圆角矩形工具）常用于绘制按钮，该工具属性栏中的选项与矩形工具基本相同，如图 7-40 所示。

图 7-40 圆角矩形工具属性栏

- 半径：用于控制圆角矩形 4 个角的圆滑程度，图 7-41 为不同半径的效果比较。
- 模式：用于控制圆角矩形的混合模式。
- 不透明度：用于控制圆角矩形的不透明度，图 7-42 为不同不透明度的效果比较。

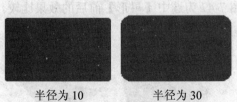

半径为 10 　半径为 30

图 7-41 不同半径的效果比较

不透明度 100 　不透明度 50

图 7-42 不同不透明度的效果比较

7.6.3 利用椭圆工具创建路径形状

使用 （椭圆工具）可以绘制出椭圆和圆形，其属性栏也和矩形工具类似，如图 7-43 所示，绘制效果如图 7-44 所示。

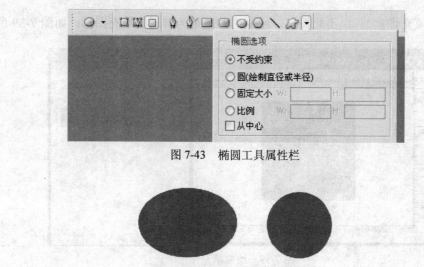

图 7-43　椭圆工具属性栏

图 7-44　椭圆工具的绘制效果

7.6.4　利用多边形工具创建路径形状

使用 ⬡（多边形工具）可以绘制出正多边形，例如等边三角形、五角星和各种星形。其属性栏如图 7-45 所示。

图 7-45　多边形工具属性栏

- 半径：用于指定多边形的中心到外部点的距离。指定半径后可以按照一个固定的大小绘制。
- 平滑拐角：选中该复选框后，尖角会被平滑的圆角替代。图 7-46 为选中【平滑拐角】前后的效果比较。
- 星形：选中该复选框，可以绘制星形。图 7-47 为选中【星形】前后的效果比较。

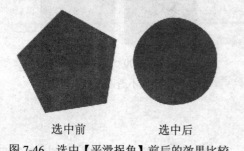

选中前　　　　　选中后

图 7-46　选中【平滑拐角】前后的效果比较

选中前　　　　　选中后

图 7-47　选中【星形】前后的效果比较

- 缩进边依据：指定缩进的大小和半径的百分比，范围是 1%～99%。图 7-48 为不同【缩进边依据】数值的效果比较。
- 平滑缩进：可以圆滑多边形的角，使绘制出的多边形的角更加柔和。图 7-49 为选中【平滑缩进】前后的效果比较。

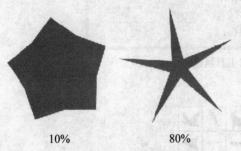
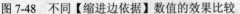

10%　　　　80%　　　　　　　选中前　　　　选中后

图 7-48　不同【缩进边依据】数值的效果比较　　　图 7-49　选中【平滑缩进】前后的效果比较

7.6.5　利用直线工具创建路径形状

使用 ＼（直线工具）可以绘制出直线、箭头的形状和路径。其属性栏如图 7-50 所示。

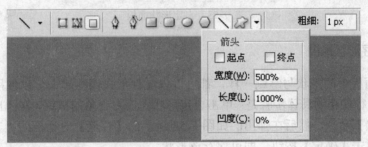

图 7-50　直线工具属性栏

- 起点：可以在起点位置绘制箭头。
- 终点：可以在终点位置绘制箭头。
- 宽度：设置箭头宽度，范围为 100%～1000%。
- 长度：设置箭头的长度，范围为 10%～5000%。
- 凹度：设置箭头凹度，范围为-50%-50%。

图 7-51 为不同设置的直线效果。

图 7-51　不同设置的直线效果

7.6.6　利用自定形状工具创建路径形状

　（自定形状工具）可以绘制出各种 Photoshop CS2 预置的形状，如箭头、灯泡等形状，还可以将常用的图形定义为形状保存下来，便于使用。其属性栏如图 7-52 所示。

- 定义的比例：以形状定义时的比例绘制图形。
- 定义的大小：以形状定义时的大小进行绘制。
- 形状：单击【形状】右侧下拉按钮，会弹出如图 7-53 所示的面板，从中可以选择需要的形状。单击右上角的右三角按钮，从弹出的快捷菜单中还可以选择【载入形状】、【存储形状】、【复位形状】和【替换形状】命令。

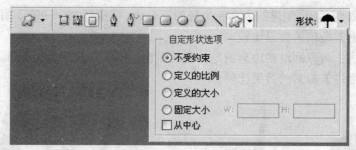

图 7-52　自定形状工具属性栏

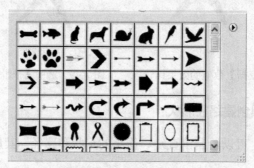

图 7-53　自定形状面板

7.6.7　保存形状路径

　　自定形状面板中的形状与笔刷一样，都可以以文件形式保存起来，以便用户以后调用及共享。将形状进行保存的具体步骤是：单击自定形状面板右上角的按钮，在弹出的快捷菜单中选择【存储形状】命令，然后在弹出的如图 7-54 所示的【存储】对话框的"文件名"框中输入文件名称，单击【确定】按钮，即可保存该形状。

图 7-54　【存储】对话框

第8章 文字在图像中的应用

8.1 文本的输入

Photoshop CS2 可以进行文字处理，可在图片上以光标定位直接输入文字，直接修改。所有相关的选择均在属性栏上进行，而诸如垂直、水平、对齐、间距等的设置，可以单击【字符/段落】按钮打开文字工具面板，进入字符属性窗口进行调整。

在 Photoshop CS2 中创建文字时，同时会添加一个新的文字图层。在 Photoshop CS2 中，不能为多通道、位图或索引颜色模式的图像创建文字图层，因为这些模式不支持图层。

8.1.1 输入点文字

在平面设计中，文字的效果是很重要的，它对图像来说，往往起着画龙点睛的作用。文字工具主要包括横排文字工具、直排文字工具、横排文字蒙版工具和直排文字蒙版工具。

1. 横排文字或直排文字的输入

使用工具箱中的横排文字工具或直排文字工具，在图像的合适位置单击，即可进入文字输入状态，输入所需的横排文字或直排文字。

无论是横排文字或直排文字，在进入文字输入状态时，即在当前图层的上面创建一个新的文字图层。并且文字工具属性栏上增加了两个按钮：✓（提交所有当前编辑）和 ⊘（取消所有当前编辑）。单击✓按钮，确定输入的文字；单击⊘按钮，取消输入的文字。

2. 创建文字选区

使用文字蒙版工具可以在图像中创建文字形状选区，并可以对这个选区进行移动、缩放、填充等编辑。文字蒙版工具有横排文字蒙版工具和直排文字蒙版工具。

创建文字选区时，首先在工具箱中选取横排文字蒙版工具或直排文字蒙版工具，在图像窗口中单击出现闪烁的文本输入光标，同时图像窗口会显示一层红色，输入文字，单击【提交所有当前编辑】按钮，确认输入，得到文字选区。

3. 点文字的输入

选择文字工具之后，在需要输入文字的图像上单击，即可从单击的位置开始添加一个垂直或水平的文本行，并生成一个按照输入的文字命名的文字图层。

点文字不能自动换行，可以通过回车键使之进入下一行，点文字适合于输入少量文字的情况。

输入点文字的具体步骤如下：

（1）在 Photoshop CS2 工作窗口中，选择【文字工具】按钮，单击右键，打开文字工具菜单，如图 8-1 所示。

（2）选择所需要的文字工具 T.（默认为横排文字工具），则 Photoshop CS2 窗口的菜单栏下面会出现一个设置字体的矩形对话框，如图 8-2 所示。

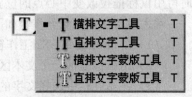

图 8-1　文字工具浮动菜单

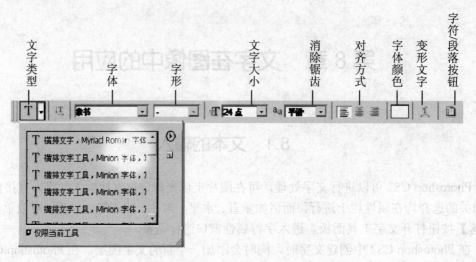

图 8-2 字体设置

（3）在属性栏中选择文字的方向。

（4）在属性栏中选择文字的类型。

（5）在需要输入文字的图像上单击，在图像上欲输入文字处出现一个"I"形的图标，这就是输入文字的基线，输入的文字将生成一个新的文字图层。图 8-3 为输入文字"落日"前后的效果比较。

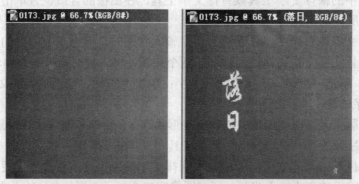

图 8-3 输入文字

（6）输入完毕后，单击 ✔ 按钮，就可完成输入。

8.1.2 输入段落文字

段落文字具备自动换行的功能，适合于输入大段文字。生成的段落文字框有 8 个句柄可以控制文字框的大小和旋转方向，文字框的中心点图标表示旋转的中心点，按住 Ctrl 键的同时可用鼠标拖拉改变中心点的位置，从而改变旋转的中心点。

输入段落文字的具体步骤如下：

（1）在 Photoshop CS2 工作窗口中，选择【文字工具】按钮，单击右键打开文字工具菜单。

（2）用鼠标拖拽一个文本区域。

（3）在属性栏中选择文字的方向。

（4）在属性栏中选择文字的类型。

（5）输入段落文字。

（6）输入完毕后，单击 ✔ 按钮，就可完成输入，见图 8-4 所示。

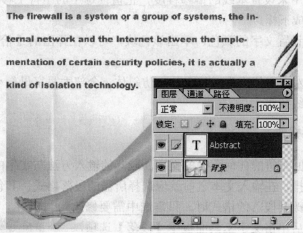

图 8-4　输入段落文字

8.2　设置文本格式

8.2.1　设置字符格式

可以在【字符】面板中精确地控制文字图层中的个别字符，其中包括字体、大小、颜色、行距、字距微调、字距调整、基线偏移及对齐。可以在输入字符之前设置文字属性，也可以重新设置这些属性，以更改文字图层中所选字符的外观。

单击【字符/段落】按钮，打开字符属性窗口，如图 8-5 所示。

1.【字符】面板的功能

主要是设置文字的字体、字体大小、字形、文字颜色以及字间距或行间距等。单击文字工具属性栏中的【切换字符和段落调板】按钮，或者单击【窗口】|【字符】命令，即可弹出【字符】面板。

2. 各项功能介绍

设置字体：设置输入文字使用的字体。

设置字形：设置输入文字使用的字体形态。字形有：常规、加粗、斜体等。但并不是所有字体都具有这些字形。

图 8-5　字符属性

设置字体大小：设置输入文字的字体大小。

设置行距：设置两行文字之间的距离。

垂直缩放：设置文字的高度。

水平缩放：设置文字的宽度。

设置所选字符的比例间距：设置所选字符的比例间距，百分数越大，选中字符的字间距越小。

设置两个字符间的字距微调：设置两个字间的字间距微调量，用鼠标单击两个字之间，正值使字间距增大，负值使字间距减小。

设置基线偏移：用来设置基线的偏移程度，正值使选中的字符上移，形成上标；负值使选中的字符下移，形成下标。

设置文本颜色：设置文字的颜色，单击该色块，可以在弹出的【拾色器】对话框中改变所选文字的颜色。

文本按钮组：从左向右依次为：仿粗体、仿斜体、全部大写字母、小型大写字母、上标、下标、下划线、删除线按钮。

8.2.2　设置段落格式

段落是末尾带有回车符的任何范围的文字。段落的输入方法与文字的输入方法大同小异，而对于段落的格式编排，在输入文本之前就应选择所需的段落格式，其包括：左对齐、居中、右对齐等。如果要修改某段落的格式时，只需选中需要修改格式的文字段落，然后单击文字工具面板中【段落】选项，打开段落属性窗口，选择所需的段落格式即可。

单击【字符/段落】按钮，打开段落属性窗口，如图 8-6 所示。

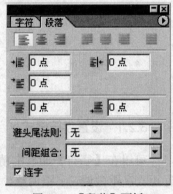

图 8-6　【段落】面板

1. 在【段落】面板或属性栏中，单击对齐选项

横排文字的选项有：

▤左对齐文本，使段落右端参差不齐。

▤居中文本，使段落两端参差不齐。

▤右对齐文本，使段落左端参差不齐。

直排文字的选项有：

▥顶对齐文本，使段落底部参差不齐。

▥居中文本，使段落顶端和底部参差不齐。

▥底对齐文本，使段落顶端参差不齐。

2. 缩进段落

＋▤左缩进，从段落左端缩进。对于直排文字，该选项控制从段落顶端的缩进。

▤＋右缩进，从段落右端缩进。对于直排文字，该选项控制从段落底部的缩进。

＋▤首行缩进，缩进段落中的首行文字。对于横排文字，首行缩进与左缩进有关；对于直排文字，首行缩进与顶端缩进有关。要创建首行悬挂缩进，请输入一个负值。

3. 指定段落间距

在【段落】面板中，为"段前间距" ▤ 和"段后间距" ▤ 输入值。

8.3　文本的编辑

8.3.1　消除文字锯齿

Photoshop CS2 中的文字是由像素构成的点阵字。这里点阵字的锐利程度取决于文字大小和图像的分辨率，所以文字就不可避免地会出现锯齿现象。

在输入文字前应选定是否消除锯齿，对此属性栏中有五个选项：无，锐利，犀利，浑厚，平滑，如图 8-7 所示为这五种选项的文字放大后的效果图，可相互区别。

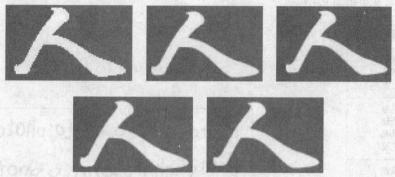

图 8-7　五种消除锯齿效果比较

8.3.2　文字的样式

1. 变形文字

在文字被选中的状态下，单击文字工具属性栏中的【创建变形文本】按钮，即可弹出【变形文字】对话框，如图 8-8 所示。可以选择一种变形方式，对文字进行变形。

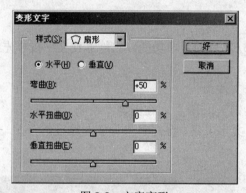

图 8-8　文字变形

其中各项功能介绍如下：

- 样式：设置文本的变形效果。选择不同的选项，文字的变形效果也各不相同。
- 水平/垂直：设置文本的变形方向是在水平方向上还是在垂直方向上。
- 弯曲：设置文本的弯曲程度。数值越大，弯曲程度也越大。
- 水平扭曲：设置文本在水平方向上的扭曲程度。数值越大，在水平方向上的扭曲程度也越大。
- 垂直扭曲：设置文本在垂直方向上的扭曲程度。数值越大，在垂直方向上的扭曲程度也越大。

注意：【编辑】|【变形】命令对格化后的文字图层同样有效，可以使用该命令制作更多变化的文字效果。

2. 其他文字样式

在【变形文字】对话框中单击【样式】选项，打开样式选择菜单，可以选择对选中的文字进行文字样式的变化。这里的文字样式选项包括："无"，"扇形"，"下弧"，"上弧"，"拱形"，"凸起"，"贝壳"，"花冠"，"旗帜"，"波浪"，"鱼形"，"增加"，"鱼眼"，"膨胀"，"挤压"，"扭转"，如图 8-9 和图 8-10 所示。

图 8-9　文字样式

图 8-10　各种文字样式比较

8.3.3　路径文字

路径文字是 Photoshop CS 后的新增功能，它能够使文字按事先绘制的路径来放置。

操作步骤如下：

（1）新建或打开一个文件。

（2）选择工具箱中的钢笔工具 ，在图像上绘制一个路径。

（3）选择工具箱中的文字工具，将文字工具放在路径的开始端，此时光标变成如图 8-11 所示。

图 8-11　光标形状

（4）沿着路径输入文字，如图 8-12 所示。

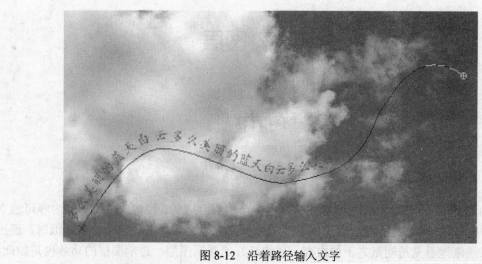

图 8-12　沿着路径输入文字

第9章　图层

9.1　图层基础

9.1.1　图层概述

一幅由 Photoshop CS2 制作的图像往往是由多个图层合成的，图像中的每部分内容可独立成层。打个比方，一个图层好比一张纸，假设有多张纸重叠放在一起，当纸为透明纸时，通过透明纸可以清晰地看见透明纸之下的内容，透明纸好比透明图层，透明图层的功效也是如此，当图像包含有多个图层时，透过透明图层可看到在它之下图层图像的全貌。将图像分层的好处在于每个图层都能单独地进行编辑、操作。对任一图层中的图像进行处理都不会影响到该图像的其他图层，这就是图层的强大功能，如图 9-1、图 9-2、图 9-3 所示。

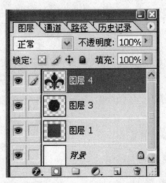

图 9-1　图像文件对应的【图层】面板

图 9-2　处理前

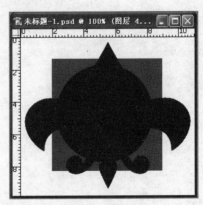

图 9-3　处理后

还可以将多个图层通过一定的模式混合到一起，从而得到千变万化的效果，如图 9-4、图 9-5 所示。

图 9-4　处理前　　　　　　　　　　　图 9-5　处理后

9.1.2　图层的分类

1. 图层的分类

普通层：没有特别特征的图层。

背景层：位于所有图层最下方的图层，名称只能是"背景"。每个图像文件有且仅有一个背景层。背景层的右侧有一个 🔒 锁图标，表示该图层被锁定，不能对其进行如混合模式、不透明度等操作。如果需要对其进行上述操作，必须将其转换成普通图层。方法是双击背景层，在弹出的【新图层】对话框中进行参数设置，然后单击【好】按钮即可，如图 9-6 所示。

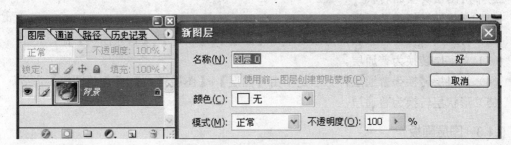

图 9-6　背景层转换为普通层

文字图层：在使用文字工具输入文本后，得到文字图层。大部分绘图工具、图像编辑功能不能在文字图层上应用，如果要用到上述功能时，需要选择【图层】|【栅格化】|【文字】菜单命令，将文字图层转换为普通层。

调整图层：对下方图层起调节作用的图层。可以调节色调、亮度、饱和度等，可以在图像上进行多次调整而不会影响到原始图像。

填充图层：是由颜色（纯色、渐变色）或图案填充的图层，不包含图像，可以结合其他的图层或蒙版产生特殊的效果。与直接在图层上填充不同的是可以随时改变填充方式。

效果图层：实际上就是添加了图层样式效果的图层。

蒙版图层：蒙版是用于编辑、隔离和保护图像的。利用蒙版，可制作出图像融合效果或屏蔽图像中某些不需要的部分，从而增强图像处理的灵活性。

形状图层：使用 □ □ ○ ○ ＼ 📐 该组工具中任一种，并选择了 □ 按钮时，在图像上绘制图形就会在【图层】面板上创建形状层。在形状层上不能使用绘图工具、滤镜及色调调整功能。要想在形状层上应用上述功能，需要选择【图层】|【栅格化】|【形状】菜单命令，将形状图

层转换为普通层。

各图层分类在【图层】面板上的对应关系如图 9-7 所示。

图 9-7 图层的分类

2. 常用图层类型的转换

（1）背景层转换为普通层。

（2）普通层转换为背景层，方法是单击【图层】|【新建】|【背景图层】命令。

（3）文字层转换为普通层。

（4）效果层转换为普通层，方法是单击【图层】|【图层样式】|【创建图层】命令。

（5）形状层转换为普通层。

9.1.3 图层面板

每打开一个图像文件，都会有一个与之对应的【图层】面板。在【图层】面板上，可以进行图层的顺序调换、图层的效果处理、图层的新建和删除等一系列操作。

先打开一个图像文件，然后执行【窗口】|【图层】命令，则会出现图 9-8 所示的【图层】控制面板。

1.【图层】面板的组成元素

（1）图层的混合模式：正常，图层混合模式是指绘图颜色与图像原有的底色采用什么方式混合，具体后述。

（2）不透明度：不透明度: 100%，用来调整当前图层的不透明度 。

（3）锁定区：锁定: ☒ ✎ ✛ 🔒，由 4 个按钮组成，分别为锁定透明度、图层等，一旦锁定后就不能再进行编辑或加工。

- ☒ 锁定透明像素，禁止对该图层的透明区域进行编辑。
- ✎ 锁定图层中的图像像素，禁止对图层进行编辑。
- ✛ 锁定位置，用来锁定图层中的图像，禁止移动图像。
- 🔒 锁定全部，禁止对该图层进行编辑或移动。

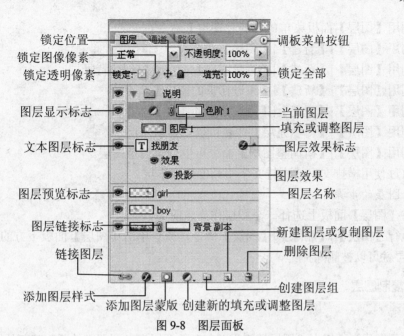

图 9-8 图层面板

（4）填充: 100% ▸，用来调整当前图层的不透明度和效果层的不透明度。

（5）👁 图层显示标志：单击图层前的按钮即可显示或隐藏该图层。

（6）🔗 图层链接标志：用于将该图层与其他图层链接，以便于与当前层一起移动、变换、对齐等。

（7）图层名称：每一个图层都有一个各称，用户可以自己定义图层的名称，如果在建立时未定义，则图层默认为图层 1、图层 2、图层 3 等。

（8）当前图层：当前层又称作用层，就是当前所工作的图层。

在图层面板底部有 6 个按钮 ⊘. ◻ ◻ ⊘. ▣ 🗑，分别是添加图层样式，添加图层蒙版，创建新组，创建新的填充或调整图层，创建新的图层，删除图层。

2. 面板菜单

单击【图层】面板右上角的右三角按钮，可出现图 9-9 所示的菜单。

图 9-9 【图层】面板菜单

9.2 图层基本编辑操作

9.2.1 创建和删除图层

1. 新建图层

（1）利用【图层】面板下方的【创建新的图层】命令按钮。

（2）利用【图层】面板菜单的【新建图层】命令。

（3）利用【图层】|【新建】|【图层】命令。

（4）利用【图层】|【新建】|【背景图层】命令可以创建背景层。

（5）利用【图层】|【新建】|【通过拷贝的图层】命令。

（6）利用【图层】|【新建】|【通过剪切的图层】命令。

（7）利用【图层】|【新填充层】命令可以创建填充层。

（8）利用【图层】|【新调整图层】命令可以创建调整图层。

（9）通过使用横排文字或直排文字工具创建文本层。

2．删除图层的步骤

（1）在【图层】面板上选择一个图层作为当前层。

（2）执行【图层】|【删除】|【图层】命令，或者单击【图层】面板下方的【删除图层】按钮，当前层就可以被删除掉。

9.2.2　复制图层

方法有：

（1）在【图层】面板上，用鼠标将需要复制的图层拖曳到下方的【创建新的图层】按钮上后放开。

（2）将需要复制的图层设定为当前图层后，右击需要复制的图层，选择【复制图层】命令。

（3）将需要复制的图层设定为当前图层后，利用【图层】|【复制图层】命令。

（4）按住 Alt 键后，用移动工具移动需要复制的图层，然后松开鼠标即可。

9.2.3　显示和隐藏图层

如果一些图层是可见的，则在其图层的左边有一个眼睛图标显示出来，如果不可见，则没有眼睛图标。在【图层】面板中，单击位于图层左边的显示图标，则隐藏该层，再次单击同一位置，又可以显示该图层。

9.2.4　图层链接

当希望对多个图层同时进行移动、删除、变换等操作时，可采用图层链接的方法。链接图层是将多个图层临时组合在一起。操作步骤如下：

（1）选定当前图层。

（2）在【图层】面板的图层栏的第二列单击要与当前层链接的图层，这时就会出现链接标志。

9.2.5　图层组

图层组就是将多个层归为一个组，这个组可以在不需要操作时折叠起来，无论组中有多少图层，折叠后只占用相当于一个图层的空间。在 Photoshop CS2 中最多可存在 5 级图层组。对这个组进行操作就是对组中所有层进行操作。它不同于图层链接，图层组是永久性的。

建立新图层组可通过执行【图层】|【新建组】命令，也可以通过【图层】面板右上角的右三角按钮选择【新建组】命令。

1. 将图层编组和取消图层编组

（1）在【图层】面板中选择多个图层。

（2）执行【图层】|【图层编组】命令或按住 Alt 键将图层拖移到【图层】面板底部的【组文件夹】图标，以便对这些图层进行编组。

（3）要取消图层编组，请选择组并执行【图层】|【取消图层编组】命令。

2. 将图层添加到组

（1）在【图层】面板中选择组，然后单击【创建新图层】按钮。

（2）将图层拖移到组文件夹中。

9.2.6　合并图层

合并图层是把几个图层的内容压缩到一个图层。

（1）在只选择单个图层的情况下，按快捷键 Ctrl+E 将与位于其下方的图层合并，合并后的图层名和颜色标志继承自原先下方的图层。

（2）在选择了多个图层的情况下，按快捷键 Ctrl+E 将所有选择的图层合并为一层，合并后的图层名继承自原先位于最上方的图层。但颜色标志不能继承。

（3）合并可见图层，它的作用是把目前所有处在显示状态的图层合并，隐藏状态的图层则不作变动。

（4）合并链接图层，它的作用是把目前与当前图层有链接关系的所有图层进行合并。

（5）拼合图像，是将所有的层合并为背景层，如果有图层隐藏，拼合时会出现警告框。如果单击【好】按钮，原先处在隐藏状态的层都将被丢弃。

9.2.7　图层的修饰

1. 图层层次

层次最直接体现的效果就是遮挡。位于【图层】面板下方的图层层次是较低的，越往上层次越高。位于较高层次的图像内容会遮挡较低层次的图像内容。

调整图层层次的方法如下：

（1）在【图层】面板上，直接拖动图层。注意拖动的目的地要位于两层的接缝处。

（2）利用【图层】菜单中的 4 个命令调整：【置为顶层】、【前移一层】、【后移一层】、【置为底层】。选择菜单【图层】|【排列】命令，如图 9-10 所示。

2. 对齐图层

（1）对齐链接图层，先将需要对齐的图层链接在一起，然后选择【图层】|【对齐链接图层】命令，对齐方式如图 9-11 所示。

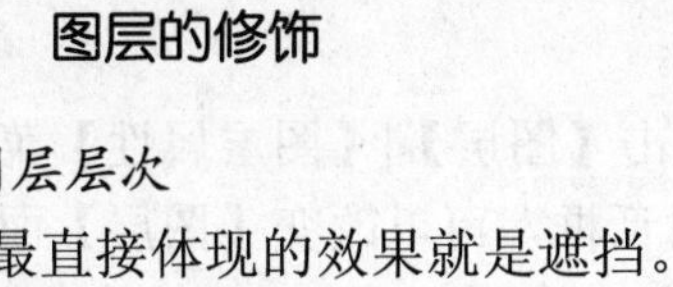

置为顶层(F)	Shift+Ctrl+]
前移一层(W)	Ctrl+]
后移一层(K)	Ctrl+[
置为底层(B)	Shift+Ctrl+[

图 9-10　【排列】命令

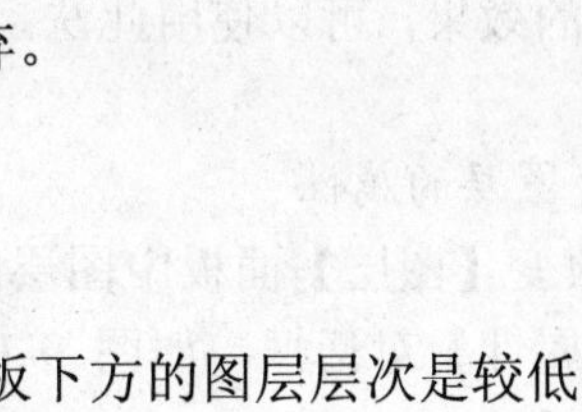

- 顶边
- 垂直居中
- 底边
- 左边
- 水平居中
- 右边

图 9-11　对齐方式

（2）图层与选区对齐，将需要与选区对齐的图层设定为当前图层，然后利用【图层】|

【与选区对齐】的子菜单命令。

3．平均分布图层

平均分布图层，必须是三个或三个以上链接的图层，将其中一个图层设定为当前图层后，选择【图层】|【分布链接图层】命令，显示如图 9-12 所示的命令。

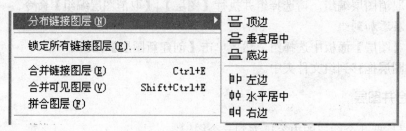

图 9-12　【分布链接图层】命令

4．图层的透明度

在 Photoshop CS2 中每层或者每图层组都可以设置不透明度，降低不透明度后图层中的像素会呈现出半透明的效果，这有利于进行图层之间的混合处理。方法就是选中图层之后，在图层面板的【不透明】选项中进行设置，可以直接输入数字也可以拖动滑块进行设置。

5．图层边缘的修饰

Photoshop CS2 提供了图层边缘修饰的工具，可以为图层去边、移去黑色或白色杂边等，执行【图层】|【修边】命令即可。当进行图像合并时，可能不希望图层的边缘太清晰，以达到一种柔和的效果，可以使用此法。如果要使几幅图像融为一体，还要用到许多其他的修饰技巧。

6．改变图层的属性

（1）改变【图层】面板中图层的颜色和名称。单击【图层】|【图层属性】菜单命令，调出【图层属性】对话框，如图 9-13 所示，利用该对话框，可以改变【图层】面板中图层的颜色和图层的名称。

（2）改变【图层】面板中图层预览图的大小。单击【图层】面板中的右三角按钮，选择【调板选项】命令，显示的对话框如图 9-14 所示，选择相应设置，单击确定即可。

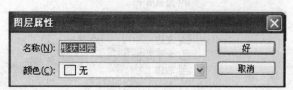

图 9-13　【图层属性】对话框　　　　　图 9-14　【图层调板选项】对话框

9.3　图层的像素化

如果图像文件中有矢量图形，可以将它们转换成位图图像，这叫做图层的像素化。方法如下：

（1）单击有矢量图形的图层。

（2）选择【图层】|【栅格化】命令，弹出如图 9-15 所示的子菜单，选择相应的命令即可。

文字 (T)
形状 (S)
填充内容 (F)
矢量蒙版 (V)

图层 (L)
链接图层 (K)
所有图层 (A)

图 9-15　【栅格化】命令

9.4　图层剪贴组

图层剪贴组是多个图层的组合，利用剪贴组可以使多个图层共用一个蒙版（蒙版内容后述课程讲述）。只有上下相邻的图层才可以组成剪贴组，在剪贴组中，最下边的图层叫"基底图层"，它的名字下边有一条下划线，其他图层的缩览图是缩进的，而且缩览图左边有一个 ↓ 标记。基底层是整个图层剪贴组中其他图层的蒙版，创建剪贴组的方法如下：

（1）选择基底图层。

（2）在基底层与剪贴图层之间按 Alt 键并单击，其他剪贴层方法类似。创建成功后【图层】面板会有如图 9-16 和图 9-17 的变化。

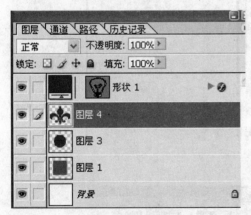

图 9-16　创建前

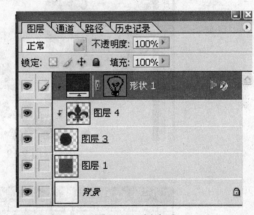

图 9-17　创建后

取消图层剪贴组的方法，按下 Alt 键的同时在相邻图层之间单击即可。

9.5　图层混合模式

【图层】面板左上角为图层混合模式的列表，包含以下模式：

1.　正常（Normal）模式

在"正常"模式下，"混合色"的显示与不透明度的设置有关。当"不透明度"为 100%，也就是说完全不透明时，"结果色"的像素将完全由所用的"混合色"代替；当"不透明度"小于 100%时，混合色的像素会透过所用的颜色显示出来，显示的程度取决于不透明度的设置与"基色"的颜色。

2．溶解（Dissolve）模式

在"溶解"模式中，根据任何像素位置的不透明度，"结果色"由"基色"或"混合色"的像素随机替换。需将不透明度降低才能看到溶解模式的效果。

如果是用"画笔"工具或文字创建的"混合色"，同"基色"交替，就可以创建一种类似扩散抖动的效果，如图 9-18 所示。

3．变暗（Darken）模式

在"变暗"模式中，查看每个通道中的颜色信息，并选择"基色"或"混合色"中较暗的颜色作为"结果色"。比"混合色"亮的像素被替换，比"混合色"暗的像素保持不变。"变暗"模式将导致比背景颜色更淡的颜色从"结果色"中被去掉，如图 9-19 和图 9-20 所示。

图 9-18　溶解模式

图 9-19　混合前

图 9-20　变暗混合后

4. 正片叠底（Multiply）模式

在"正片叠底"模式中，查看每个通道中的颜色信息，并将"基色"与"混合色"复合。"结果色"总是较暗的颜色。结果色=混合色*基色/255。任何颜色与黑色复合产生黑色。任何颜色与白色复合保持不变。结果如图9-21所示。

图 9-21 正片叠底混合后

5. 颜色加深（ColorBurn）模式

在"颜色加深"模式中，查看每个通道中的颜色信息，并通过增加对比度使基色变暗以反映混合色，如果与白色混合的话将不会产生变化，如图9-22所示。

图 9-22 颜色加深混合后

6. 线性加深（LinearBurn）模式

在"线性加深"模式中，查看每个通道中的颜色信息，并通过减小亮度使"基色"变暗以反映混合色。如果"混合色"与"基色"上的白色混合后将不会产生变化，如图9-23所示。

图 9-23   线性加深混合后

7. 变亮（Lighten）模式

在"变亮"模式中，查看每个通道中的颜色信息，并选择"基色"或"混合色"中较亮的颜色作为"结果色"。比"混合色"暗的像素被替换，比"混合色"亮的像素保持不变。

8. 滤色（Screen）模式

"滤色"模式与"正片叠底"模式正好相反，它将图像的"基色"颜色与"混合色"颜色结合起来产生比两种颜色都浅的第三种颜色。其实就是将"混合色"的互补色与"基色"复合，"结果色"总是较亮的颜色。用黑色过滤时颜色保持不变。用白色过滤将产生白色。

9. 颜色减淡（ColorDodge）模式

在"颜色减淡"模式中，查看每个通道中的颜色信息，并通过减小对比度使基色变亮以反映混合色，与黑色混合则不发生变化。

10. 线性减淡（LinearDodge）模式

在"线性减淡"模式中，查看每个通道中的颜色信息，并通过增加亮度使基色变亮以反映混合色。但是不要与黑色混合，那样是不会发生变化的。

11. 叠加（Overlay）模式

"叠加"模式把图像的"基色"颜色与"混合色"颜色相混合产生一种中间色。"基色"颜色比"混合色"颜色暗的颜色使"混合色"颜色倍增，比"混合色"颜色亮的颜色将使"混合色"颜色被遮盖，而图像内的高光部分和阴影部分保持不变，因此底色为黑色或白色时"叠加"模式不起作用，如图 9-24 所示。

12. 柔光（SoftLight）模式

"柔光"模式会产生一种柔光照射的效果。系统将使灰度小于 50%的像素亮度增加，使灰度大于 50%的像素减少，从而调整了图像的灰度，使图像的亮度反差减小。

13. 强光（HardLight）模式

"强光"模式将产生一种强光照射的效果。如果"混合色"比颜色"基色"颜色的像素更亮一些，那么"结果色"颜色将更亮，如果"混合色"颜色比"基色"颜色的像素更暗一些，那么"结果色"将更暗。除了根据背景中的颜色而使背景色是多重的或屏蔽的之外，这种模式实质上同"柔光"模式是一样的，它的效果要比"柔光"模式更强烈一些。

图 9-24 叠加模式混合后

14. 亮光（VividLight）模式

通过增加或减小对比度来加深或减淡颜色，具体取决于混合色。如果混合色（光源）比50%灰色亮，则通过减小对比度使图像变亮。如果混合色比50%灰色暗，则通过增加对比度使图像变暗。

15. 线性光（LinearLight）模式

通过减小或增加亮度来加深或减淡颜色，具体取决于混合色。如果混合色（光源）比50%灰色亮，则通过增加亮度使图像变亮。如果混合色比50%灰色暗，则通过减小亮度使图像变暗。

16. 点光（PinLight）模式

"点光"模式其实就是替换颜色，其具体效果取决于"混合色"。如果"混合色"比50%灰色亮，则替换比"混合色"暗的像素，而不改变比"混合色"亮的像素。如果"混合色"比50%灰色暗，则替换比"混合色"亮的像素，而不改变比"混合色"暗的像素。

17. 差值（Difference）模式

在"差值"模式中，查看每个通道中的颜色信息，"差值"模式是将图像中"基色"颜色的亮度值减去"混合色"颜色的亮度值，如果结果为负，则取正值，产生反相效果。由于黑色的亮度值为0，白色的亮度值为255，因此用黑色着色不会产生任何影响，用白色着色则产生被着色的原始像素颜色的反相。"差值"模式创建背景颜色的相反色彩。

18. 排除（Exclusion）模式

"排除"模式与"差值"模式相似，但是具有高对比度和低饱和度的特点。比用"差值"模式获得的颜色要柔和、更明亮一些。

19. 色相（Hue）模式

"色相"模式只用"混合色"颜色的色相值进行着色，而使饱和度和亮度值保持不变。当"基色"颜色与"混合色"颜色的色相值不同时，才能使用描绘颜色进行着色。但是要注意的是"色相"模式不能用于灰度模式的图像。

20. 饱和度（Saturation）模式

"饱和度"模式的作用方式与"色相"模式相似，它只用"混合色"颜色的饱和度值进行着色，而使色相值和亮度值保持不变。当"基色"颜色与"混合色"颜色的饱和度值不同时，才能使用描绘颜色进行着色处理。在无饱和度的区域上（也就是灰色区域中），用"饱和度"模式是不会产生任何效果的。

21.　颜色（Color）模式

"颜色"模式能够使用"混合色"颜色的饱和度值和色相值同时进行着色，而使"基色"颜色的亮度值保持不变。"颜色"模式可以看成是"饱和度"模式和"色相"模式的综合效果。该模式能够使灰色图像的阴影或轮廓透过着色的颜色显示出来，产生某种色彩化的效果。这样可以保留图像中的灰阶，并且对于给单色图像上色和给彩色图像着色都会非常有用。

22.　亮度（Luminosity）模式

"亮度"模式能够使用"混合色"颜色的亮度值进行着色，而保持"基色"颜色的饱和度和色相数值不变。其实就是用"基色"中的"色相"和"饱和度"以及"混合色"的亮度创建"结果色"。此模式创建的效果是与"颜色"模式创建的效果相反。

可以对图层进行更多的控制。填充不透明度只影响图层中绘制的像素或形状，对图层样式和混合模式却不起作用。而对混合模式、图层样式不透明度和图层内容不透明度同时起作用的是图层总体不透明度。这两种不同的不透明度选项使设计者可以将图层内容的不透明度和其图层效果的不透明度分开处理。

9.6　图层样式

使用图层样式可以快速地创建图层中整个图像的阴影、发光、斜面与浮雕、描边等效果。在【图层】面板上单击 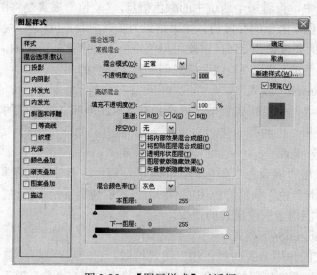，在弹出的菜单中选择一项就会打开【图层样式】对话框，从而为当前图层添加图层样式。

9.6.1　【图层样式】对话框

【图层样式】对话框如图 9-25 所示，在对话框的左侧是不同种类的图层效果，包括投影、发光、斜面、叠加和描边等几个大类。对话框的中间是各种效果的不同选项，可以从右边小窗口中看到所设定效果的预览。混合选项的设置一般不需要修改。

图 9-25　【图层样式】对话框

1. "投影" 样式

添加投影效果后，图层的图像下方会出现一个轮廓和图层内容相同的 "影子"，这个影子有一定的偏移量，默认情况下会向右下角偏移。阴影的默认混合模式是正片叠底（Multiply）。投影效果的选项有：混合模式、颜色设置、不透明度、角度、距离、扩展、大小、等高线、杂色、图层挖空阴影等，具体设置及效果如图 9-26 所示。

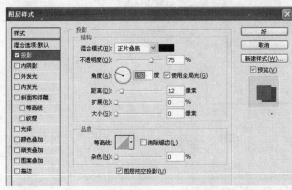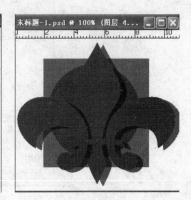

图 9-26　投影样式

- 混合模式：由于阴影的颜色一般都是偏暗的，因此这个值通常被设置为 "正片叠底"，不必修改。
- 颜色设置：单击混合模式的右侧的颜色框，可以对阴影的颜色进行设置。
- 不透明度：默认值是 75%，通常这个值不需要调整。如果需要阴影的颜色显得深一些，应当增大这个值，反之减小这个值。
- 角度：设置阴影的方向，如果要进行微调，可以使用右边的编辑框直接输入角度。在圆圈中，指针指向光源的方向，显然，相反的方向就是阴影出现的地方。
- 距离：阴影和层的内容之间的偏移量，这个值设置得越大，会让人感觉光源的角度越低，反之越高。就好比傍晚时太阳照射出的影子总是比中午时的长。
- 扩展：这个选项用来设置阴影的大小，其值越大，阴影的边缘显得越模糊，可以将其理解为光的散射程度比较高（比如白炽灯），反之，其值越小，阴影的边缘越清晰，如同探照灯照射一样。 注意，扩展的单位是百分比，具体的效果会和 "大小" 相关，"扩展" 的设置值的影响范围仅仅在 "大小" 所限定的像素范围内，如果 "大小" 的值设置得比较小，扩展的效果不会很明显。
- 大小：这个值可以反映光源距离层的内容的距离，其值越大，阴影越大，表明光源距离层的表面越近，反之阴影越小，表明光源距离层的表面越远。
- 等高线：等高线用来对阴影部分进行进一步的设置，等高线的高处对应阴影上的暗圆环，低处对应阴影上的亮圆环，可以将其理解为 "剖面图"。如果不好理解等高线的效果，可以将 "图层挖空阴影" 前的复选框清空，就可以看到等高线的效果了。

假设设计一个含有两个波峰和两个波谷的等高线，如图 9-27 所示。

这时的阴影中就会出现两个亮圆环（白色）和两个暗圆环（红色）。

- 杂色：杂色对阴影部分添加随机的透明点。
- 图层挖空阴影：如果选中了这个选项，当图层的不透明度小于 100% 时，阴影部分仍然是不可见的，也就是说使透明效果对阴影失效。

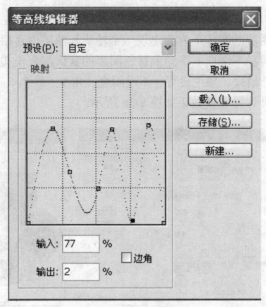

图 9-27　等高线编辑器

2. "内阴影"样式

内阴影效果和投影效果基本相同，不过投影是从对象边缘向外，而内阴影是从边缘向内。内阴影主要用来创作简单的立体效果，如果配合投影效果，那么立体效果就更加生动，如图 9-28 所示。

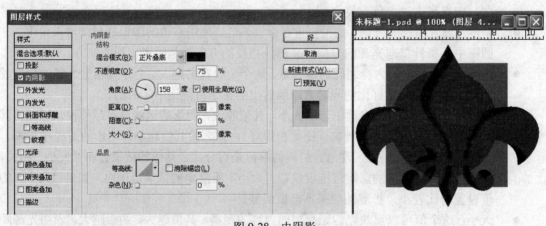

图 9-28　内阴影

3. "外发光"样式

添加了"外发光"效果的层好像下面多出了一个层，这个假想层的填充范围比上面的略大，默认混合模式为"滤色"，默认透明度为 75%，从而产生层的外侧边缘"发光"的效果。外侧发光可以设置的参数包括：结构（混合模式、不透明度、杂色、渐变和颜色）、图案（方法、扩展、大小）、品质（等高线、范围、抖动），如图 9-29 所示。

- 方法：方法的设置值有两个，分别是"柔和"与"精确"，一般用"柔和"就足够了，"精确"可以用于一些发光较强的对象，或者棱角分明，反光效果比较明显的对象。
- 扩展："扩展"用于设置光芒中有颜色的区域和完全透明的区域之间的渐变速度。

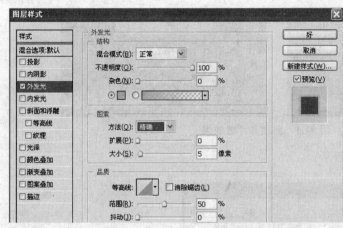
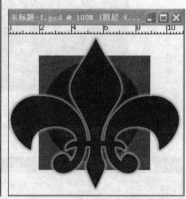

图 9-29 外发光

- 大小：设置光芒的延伸范围，不过其最终的效果和颜色渐变的设置是相关的。
- 范围："范围"选项用来设置等高线对光芒的作用范围，也就是说对等高线进行"缩放"，截取其中的一部分作用于光芒上。调整"范围"和重新设置一个新等高线的作用是一样的，不过当我们需要特别陡峭或者特别平缓的等高线时，使用"范围"对等高线进行调整可以更加精确。
- 抖动："抖动"用来为光芒添加随意的颜色点，为了使"抖动"的效果能够显示出来，光芒至少应该有两种颜色。

4. "内发光"样式

内发光效果和外发光效果的选项基本相同，除了将扩展变为阻塞外，只是在图形部分多了对光源位置的选择。效果如图 9-30 所示。

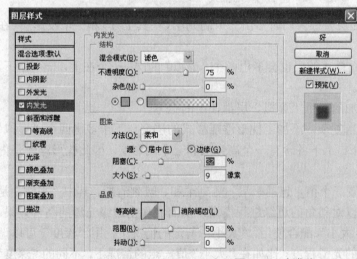

图 9-30 内发光

5. "斜面和浮雕"样式

斜面和浮雕的样式包括内斜面、外斜面、浮雕、枕状浮雕和描边浮雕。虽然选项都是一样的，但是制作出来的效果却大相径庭，如图 9-31 所示。

图 9-31 斜面和浮雕效果

斜面和浮雕的设置如图 9-32 所示。

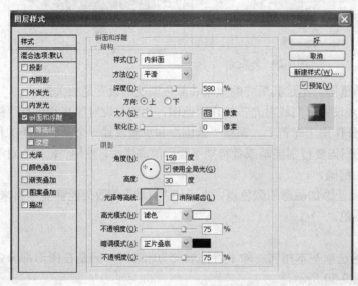

图 9-32 斜面与浮雕样式

- 内斜面：添加了内斜面的层会好像同时多出一个高光层（在其上方）和一个投影层（在其下方）。
- 外斜面：被赋予了外斜面样式的层也会多出两个"虚拟"的层，一个在上，一个在下，分别是高光层和阴影层。
- 浮雕效果：浮雕效果添加的两个"虚拟"层都在层的上方。
- 枕形浮雕：枕状浮雕相当复杂，添加了枕形浮雕样式的层会一下子多出四个"虚拟"层，两个在上，两个在下。上下各含有一个高光层和一个阴影层。因此枕形浮雕是内斜面和外斜面的混合体。
- 方法：这个选项可以设置三个值，包括平滑、雕刻柔和、雕刻清晰。其中"平滑"是默认值，选中这个值可以对斜角的边缘进行模糊，从而制作出边缘光滑的高台效果。
- 深度："深度"必须和"大小"配合使用，"大小"一定的情况下，用"深度"可以调整高台的截面梯形斜边的光滑程度。比如在"大小"值一定的情况下，不同的"深度"值产生的效果不同。
- 方向：方向的设置值只有"上"和"下"两种，其效果和设置"角度"是一样的。在制作按钮的时候，"上"和"下"可以分别对应按钮的正常状态和按下状态，比使用角度进行设置更方便也更准确。
- 大小：用来设置高台的高度，必须和"深度"配合使用。

- 软化：软化一般用来对整个效果进行进一步的模糊，使对象的表面更加柔和，减少棱角感。

- 角度：这里的角度设置要复杂一些。圆当中不是一个指针，而是一个小小的十字，通过前面的效果我们知道 ，角度通常可以和光源联系起来，对于斜角和浮雕效果也是如此，而且作用更大。斜角和浮雕的角度调节不仅能够反映光源方位的变化，而且可以反映光源和对象所在平面所成的角度，具体来说就是那个小小的十字和圆心所成的角度以及光源和层所成的角度（后者就是高度）。这些设置既可以在圆中拖动设置，也可以在旁边的编辑框中直接输入。

- 使用全局光："使用全局光"这个选项一般都应当选上，表示所有的样式都受同一个光源的照射，也就是说，调整一种层样式（比如投影样式）的光照效果，其他的层样式的光照效果也会自动进行完全一样的调整，道理很简单——通常天上只有一个太阳。当然，如果需要制作多个光源照射的效果，可以清除这个选项。

- 高光模式和不透明度：前面我们已经提到，"斜角和浮雕"效果可以分解为两个"虚拟"的层，分别是高光层和阴影层。这个选项就是调整高光层的颜色、混合模式和透明度的。

- 等高线："斜面和浮雕"样式中的等高线容易让人混淆，除了在对话框右侧有"等高线"设置，在对话框左侧也有"等高线"设置。其实仔细比较一下就可以发现，对话框右侧的"等高线"是"光泽等高线"，这个等高线只会影响"虚拟"的高光层和阴影层。而对话框左侧的等高线用来为对象（图层）本身赋予条纹状效果。这两个"等高线"混合作用的时候经常会产生一些让人不太好琢磨的效果。

- 纹理：纹理用来为层添加材质，其设置比较简单。首先在下拉框中选择纹理，然后对纹理的应用方式进行设置。常用的选项包括：①缩放——对纹理贴图进行缩放。②深度——修改纹理贴图的对比度。深度越大（对比度越大），层表面的凹凸感越强，反之凹凸感越弱。③反向——将层表面的凹凸部分对调。④与图层连接——选中这个选项可以保证层移动或者进行缩放操作时纹理随之移动和缩放。

6. "光泽"样式

光泽有时也译作"绸缎"，用来在层的上方添加一个波浪形（或者绸缎）效果。可以将光泽效果理解为光线照射下的反光度比较高的波浪形表面（比如水面）显示出来的效果。"光泽"样式对话框如图 9-33 所示。

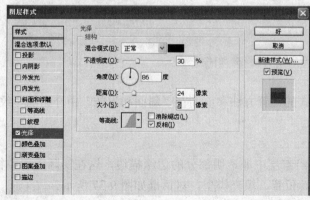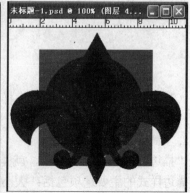

图 9-33　光泽样式

7. 三种"叠加"样式

（1）颜色叠加。这是一个很简单的样式，作用实际就相当于为层着色，也可以认为这个样式在层的上方加了一个混合模式为"普通"、不透明度为 100%的"虚拟"层。添加了样式后的颜色是图层原有颜色和"虚拟"层颜色的混合。效果如图 9-34 所示。

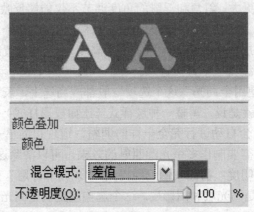

图 9-34　颜色叠加样式

（2）渐变叠加。"渐变叠加"和"颜色叠加"的原理是完全一样的，只不过"虚拟"层的颜色是渐变的而不是纯色的。对话框及效果如图 9-35 所示。

图 9-35　渐变叠加样式

（3）图案叠加。"图案叠加"样式的设置方法和前面在"斜面和浮雕"中介绍的"纹理"完全一样，如图 9-36 所示。

8. "描边"样式

"描边"样式很直观简单，就是沿着层中非透明部分的边缘描边，这在实际应用中很常见。描边样式的主要选项包括：大小、位置、填充类型。对话框如图 9-37 所示。

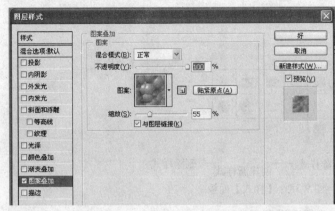

图 9-36　图案叠加样式

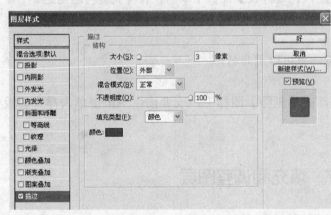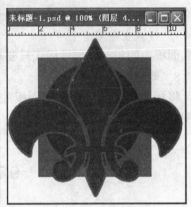

图 9-37　描边样式

9.6.2　图层样式基本操作

1．编辑样式

在【图层样式】对话框进行相应的样式设置，然后单击确定即可。

2．复制图层样式

选中某一图层作为当前层，右击图层样式，在弹出的快捷菜单中选择【拷贝图层样式】，或者选择【图层】|【图层样式】|【拷贝图层样式】命令，然后选中另一图层，选择【粘贴图层样式】即可。

3．清除图层样式

选中某一图层作为当前层，右击图层样式，在弹出的快捷菜单中选择【清除图层样式】，或者选择【图层】|【图层样式】|【清除图层样式】命令，或单击【样式】面板中的【清除样式】按钮即可。

4．分离样式

选中某一图层作为当前层，右击图层样式，在弹出的快捷菜单中选择【创建图层】，或者选择【图层】|【图层样式】|【创建图层】命令即可。

5．【样式】面板

Photoshop 中的【样式】面板可方便地对预设样式或系统样式进行管理并应用于图像。选

择菜单【窗口】|【样式】命令就可显示【样式】面板，如图 9-38 所示。

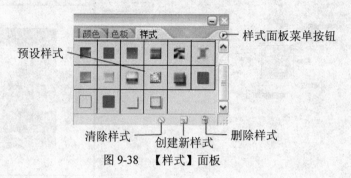

图 9-38　【样式】面板

6.　利用【样式】面板对图层应用预设样式

（1）选择某一图层作为当前图层，在【样式】面板中单击一种样式就可应用之。

（2）将样式从【样式】面板拖移到【图层】面板中的图层上。

7.　样式重命名

面板中的每一种预设样式只要双击就可以重命名。

8.　删除样式方法

将样式拖移到【样式】面板底部的【删除】图标上，或者按住 Alt 键单击样式面板中的图层样式。

9.7　填充和调整图层

调整图层和填充图层具有与图像图层相同的不透明度和混合模式选项。可以重新排列、删除、隐藏和复制它们，就像处理图像图层一样。默认情况下，调整图层和填充图层有图层蒙版，由图层缩览图左边的蒙版图标表示。

9.7.1　创建调整图层或填充图层

单击图层面板下方的  按钮，弹出如图 9-39 所示的菜单，选择其中一项进行创建即可，或者选择菜单【图层】|【新填充图层】。

图 9-39　图层样式

（1）创建纯色填充图层，效果如图 9-40 所示。

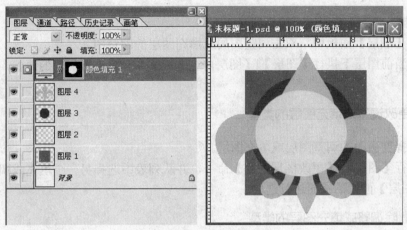

图 9-40　纯色填充层

（2）创建渐变填充图层，效果如图 9-41 所示。

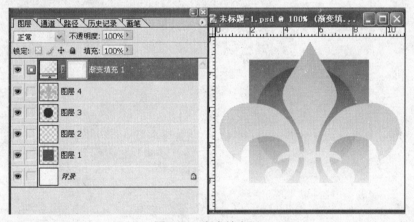

图 9-41　渐变填充层

（3）创建图案填充图层，效果如图 9-42 所示。

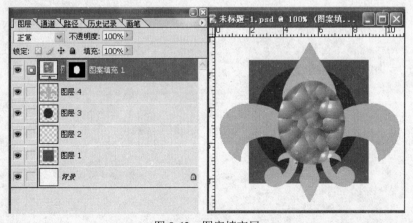

图 9-42　图案填充层

9.7.2　编辑调整图层或填充图层

有两种方法编辑调整图层或填充图层：

（1）在【图层】面板中，双击调整图层或填充图层的缩览图。

（2）在当前图层下执行【图层】|【图层内容选项】命令，进行所需的调整，并单击确定按钮。

9.7.3　更改调整或填充图层的类型

（1）选择要更改的调整图层或填充图层。

（2）执行【图层】|【更改图层内容】命令，并从列表中选择另一个填充或调整图层，或直接单击【图层】面板的按钮进行选取。

9.7.4　删除调整或填充图层的类型

与删除图层的方法一样，不再赘述。

第 10 章　蒙版与通道

蒙版的作用是保护图像的某一个区域，使用户的操作只能对该区域之外的图像进行，从这一点来说它的作用正好与选区相反。当用蒙版来隔离时，白色表示显示图像，深灰色表示遮住图像，灰色表示半透明显示，效果如图 10-1 所示。选区和蒙版与通道是密切相关的。

图 10-1　图层蒙版的作用

10.1　蒙版的创建与编辑

10.1.1　快速蒙版

在快速蒙版下，可以将选区转换为蒙版。此时会创建一个临时的蒙版，在通道中会创建一个临时的快速蒙版通道。在蒙版状态下可以使用几乎所有工具和滤镜来编辑修改，修改后回到标准模式下，蒙版之外的图像将转换为选区。

默认状态下，快速蒙版呈半透明红色，遮盖在非选区图像的上边，因为蒙版是半透明的，所以可以通过蒙版观察到其下边的图像，如图 10-2 所示。

1. 创建快速蒙版

单击工具箱中的 ▣（快速蒙版）图标，便可以将图像由标准编辑状态转换为快速蒙版的编辑状态。

快速蒙版适用于建立临时性的蒙版，一旦作用完后就会自动消失。如果一个选区的建立非常不容易，或是需要反复使用，则应该为它建立一个 alpha 通道。

2. 更改蒙版颜色

双击工具箱中的快速蒙版图标或标准编辑状态图标，都可调出【快速蒙版选项】对话框，如图 10-3 所示。在这个对话框中，可以设置色彩指示区域以及蒙版使用的颜色和透明度。

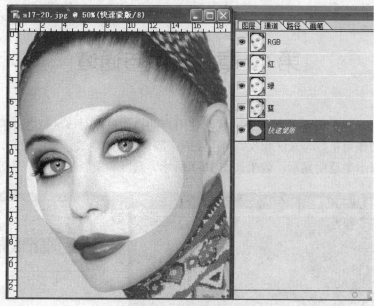

图 10-2　快速蒙版效果

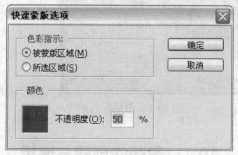

图 10-3　快速蒙版选项

3. 编辑蒙版形状

默认情况下，色彩指示为被蒙版区域，即非选区有颜色，非蒙版区（即选区）没有颜色。可将色彩指示更改为所选区域，此时蒙版区域（即选区）有颜色，非蒙版区域（即非选区）无颜色。当色彩批示选择【被蒙版区域】选项时，可以使用各种绘图工具在蒙版上涂画，减小选区的范围，使用橡皮工具擦除蒙版颜色，便会扩大被选择的区域，使用渐变工具做一个渐变，便可做出一个透明度由大到小的选择区域。

4. 保存和载入蒙版

任何形式的选区都可以保存下来，无认它是以快速蒙版模式创建的还是使用各种选取工具或是文字遮罩工具创建的。当建立一个选区之后，可以执行【选择】|【存储选区】命令将其保存，并在需要时候执行【选择】|【载入选区】命令，打开【载入选区】对话框，将需要的选区调入使用。

10.1.2　图层蒙版

图层蒙版与快速蒙版有相同和不同之处。快速蒙版主要是为了建立选区，所以它是临时的，一旦由快速蒙版模式切换到标准模式，快速蒙版转换为选区，而图像中的快速蒙版和【通道】面板中的快速蒙版通道也随之消失，创建快速蒙版时对图像的图层没有要求。

　　图层蒙版一旦创建后，它会永久保留，同时在【图层】面板中建立蒙版图层和在【蒙版】通道中建立蒙版通道，只要不删除它们，它们也会永久保留。在创建蒙版时，不能创建背景图层，填充图层和调整图层的蒙版，蒙版不用转换成选区，就可以保护蒙版遮盖的图像不受操作的影响。蒙版可以控制图层区域内的部分内容可隐藏或显示，如图 10-4 所示。

图 10-4　图层蒙版

　　在图层蒙版中，用画笔工具进行涂抹。如果前景色是白色，则图像的显示范围加大；如果前景色为黑色，则图像的显示范围减小；如果前景色为灰色，则半透明显示图像。

　　1. 创建图层蒙版的方法

　　使用【图层】面板来创建，步骤如下：

　　（1）在要加蒙版的图层之上添加一个普通图层，再在该图层创建选区，并选中该图层。

　　（2）单击【图层】面板中的 ▢（添加图层蒙版）按钮，即可在选中的图层创建一个蒙版图层，选区外的区域是蒙版，如图 10-4 所示。

　　如果在创建蒙版以前图像中没有创建选区，则按照第 2 步所述的方法创建的蒙版是一个空白蒙版。

　　使用菜单命令创建图层蒙版，步骤如下：

　　（1）在要加蒙版的图层之上添加一个普通图层，再在该图层创建选区，并选中该图层。

　　（2）单击菜单【图层】|【添加图层蒙版】命令，调出其子菜单，如图 10-5 所示。

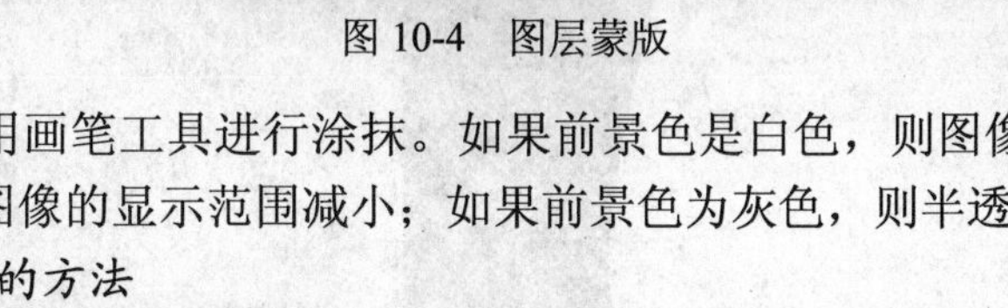

图 10-5　【添加图层蒙版】子菜单

- 显示全部：创建一个空白的全白蒙版。
- 隐藏全部：创建一个没有掏空的全黑蒙版。
- 显示选区：根据选区创建蒙版。选区外的区域是蒙版，选区包围的区域是蒙版中掏空的部分，只有在添加蒙版前已经创建了选区，此菜单才有效。
- 隐藏选区：将选区反选后再根据选区创建蒙版。选区包围的区域是蒙版，选区外的区域是蒙版中掏空的部分，只有在添加蒙版前已经创建了选区，此菜单才有效。

2．显示蒙版和删除蒙版

（1）显示蒙版：单击【通道】面板中的蒙版通道左边处，使眼睛图标出现。同时图像中的蒙版也会随之显示出来，如果要使画布窗口只显示蒙版，则可按住 Alt 键，两次单击【图层】面板中的蒙版图层缩览图，以图 10-4 为例，则显示如图 10-6 所示的效果。

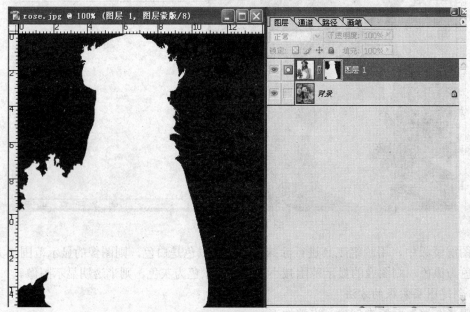

图 10-6　显示图层蒙版

（2）删除图层蒙版：删除图层蒙版，但不删除蒙版所在的层，可采用如下方法。

单击【图层】面板中的图层蒙版，再单击菜单【图层】|【移除图层蒙版】|【扔掉】命令，即可删除图层蒙版，同时取消蒙版产生的效果。或单击【图层】面板中的图层蒙版，再单击菜单【图层】|【移除图层蒙版】|【应用】命令，即可删除图层蒙版，但会保留蒙版产生的效果。也可右击图层蒙版的缩览图，在弹出的快捷菜单中选择相应的项即可，如图 10-7 所示。

3．禁止使用图层蒙版和恢复使用图层蒙版

（1）禁止使用图层蒙版：单击菜单【图层】|【停用图层蒙版】命令，即可禁止使用图层蒙版，但没有删除图层蒙版，此时图层蒙版缩览图增加了一个红色的叉子。

（2）恢复使用图层蒙版：单击菜单【图层】|【启用图层蒙版】命令，即可恢复使用图层蒙版，此时图层蒙版缩览图中红色的叉子自动消失。

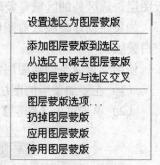

图 10-7　快捷菜单

4．根据蒙版创建选区

如果图像中已有选区，则在图 10-7 所示的菜单中选择不同的项得到不同的结果。

（1）设置选区为图层蒙版：蒙版为选区，原选区消失。

（2）添加图层蒙版到选区：将蒙版转换为选区并与原选区进行相并运算。

（3）从选区中减去图层蒙版：将蒙版转换为选区并与原选区进行相减运算。

（4）使图层蒙版与选区相交：将蒙版转换为选区并与原选区进行相交运算。

10.2　通道概述

在 Photoshop 中，通道是用来存储图像颜色信息、选区和蒙版的，主要分为颜色通道、专色通道和 Alpha 通道三种，它们均以图标的形式出现在【通道】面板中，如图 10-8 所示。

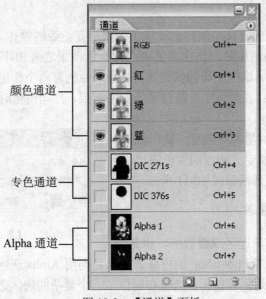

图 10-8　【通道】面板

通道中以纯白色显示的部分可以作为选区载入，其他颜色将不会载入。

10.2.1　颜色通道

颜色通道主要用于存储关于图像中的颜色元素的信息，利用它可以查看各种通道信息，并且可以对通道进行编辑，从而达到编辑图像的目的。打开一幅图像，可新建一个文件的颜色通道，这些通道的名称与图像所处的模式相对应，RGB 模式的图像包含 RGB、红、绿、蓝通道，如图 10-8 所示；CMYK 模式的图像包含 CMYK、青色、洋红、黄色和黑色通道，如图 10-9 所示；Lab 模式的图像包含 Lab、明度、a、b 通道，如图 10-10 所示。

在绘制、编辑图像或对图像进行色彩调整、应用滤镜时，实际上是在改变颜色通道中的信息。在一幅图像中，像素点的颜色就是由这些颜色模式中的原色信息进行描述的。所有像素点所包含的某一种原色信息便构成了一个颜色通道。以 RGB 模式通道为例，红通道保留了图像的红基色信息，绿通道保留了图像的绿基色信息，蓝通道保留了图像的蓝基色信息，RGB 通道保留了图像的三基色的混合色信息，一个通道用一个或两个字节来存储颜色信息。

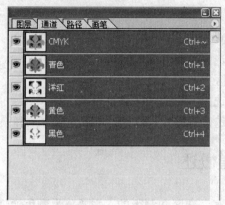

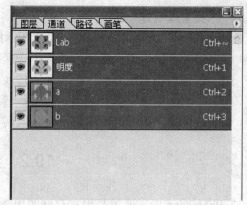

图 10-9　CMYK 通道面板　　　　　　　　　　图 10-10　Lab 通道面板

10.2.2　专色通道

专色通道扩展了通道的含义，同时也实现了图像中专色版的制作。

在一些高档的印刷品制作时，往往需要在四种原色油墨之外加印一些其他颜色，以便更好地再现其中的纯色信息，这些加印的颜色就是专色。专色有两个作用：一是扩展四色印刷效果，产生高质量的印刷品；二是为了一些特殊印刷的需要，打印图像时，每一个专色通道都可以单独打印。

印刷时，每一种专色油墨都对应着一块印版，为了准确地印刷图像，需要定义相应的专色通道。【新建专色通道】对话框如图 10-11 所示。

10.2.3　Alpha 选区通道

Alpha 选区通道是存储选区或蒙版的，也是

图 10-11　【新建专色通道】对话框

非常有用的工具之一，很多 Photoshop 的特殊效果都是利用 Alpha 选区通道制作的。Alpha 选区通道就好像一个很大的选区存储柜，当精心制作了一个复杂的选区之后，如人像的头发、动物毛皮的轮廓、烟雾等，将来可能还要再次使用它，这时就可以执行【选择】|【存储选区】命令，将这个选区作为永久的 Alpha 选区通道保存起来。当再次需要使用这个选区时，执行【选择】|【载入选区】命令，即可调出通道表示的选择区域，十分方便。在 Alpha 通道中，白色对应选区内的区域，黑色对应选区外的区域，如图 10-12 所示。

1. 将选区存储为 Alpha 选区通道

选择一幅编辑的图像，创建一个选区，然后单击【通道】面板下方的 ▢（将选区存储为通道）按钮，便可将这个选区存储为一个新的 Alpha 选区通道，该通道会被自动命名为 Alpha1 通道。或者先创建一个选区，然后单击菜单【选择】|【存储选区】命令，也可将选区作为一个 Alpha 通道保存。

2. 载入 Alpha 选区通道

只要将选区存储为 Alpha 选区通道，就可以在需要使用的任何时候载入它。方法有：

（1）将需要载入的 Alpha 选区通道直接拖到【通道】面板底部的 ○（将通道作为选区载入）图标上即可。

图 10-12 Alpha 通道

（2）单击菜单【选择】|【载入选区】命令，也可将 Alpha 通道作为选区载入。

（3）按住 Ctrl 键的同时单击【通道】面板中相应的 alpha 通道的缩览图或缩览图右边处。

3. 通道与选区的运算

无论是将选区存储为 Alpha 通道还是载入 Alpha 通道表示的选区时，都需要实现通道与选区间的加减运算。不同的是，将选区存储为 Alpha 通道时，运算的结果会以通道的形式表现，而载入通道时，运算的结果就是生成的选区。

可以在菜单【选择】|【存储选区】或【选择】|【载入选区】命令打开的对话框中指定运算的方式，如图 10-13 和图 10-14 所示。

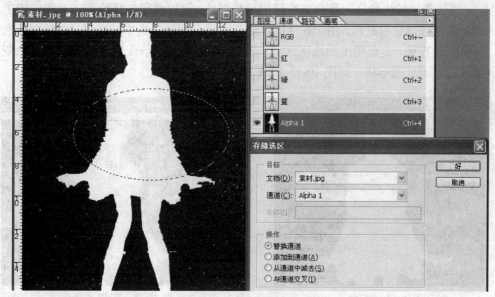

图 10-13 选区与通道运算

● 替换通道：将选区存储为通道并替换原通道。

● 添加到通道：将选区存储为通道并与原通道进行相并运算。

● 从通道中减去：将选区存储为通道并与原通道进行相减运算。

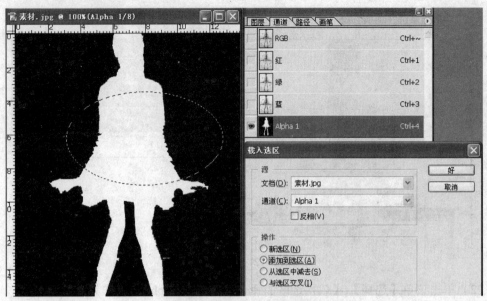

图 10-14　通道与选区运算

- 与通道交叉：将选区存储为通道并与原通道进行相交运算。
- 新选区：将通道作为选区载入，原选区消失。
- 添加到选区：将通道作为选区载入，并与原选区进行相并运算。
- 从选区中减去：将通道作为选区载入，并与原选区进行相减运算。
- 与选区相交：将通道作为选区载入，并与原选区进行相交运算。

4. 编辑 Alpha 选区通道

Alpha 选区通道的优势之一是具有良好的可扩展性，可以使用各种绘图工具和编辑工具对一个 Alpha 选区通道进行处理。由于在 Alpha 通道中黑色表示未选中的区域，白色表示选中的区域，灰色表示具有一定透明度的选区区域，所以，可以通过 Alpha 选区通道内的颜色变化来修改 Alpha 选区通道的形状，如图 10-15 和图 10-16 所示。

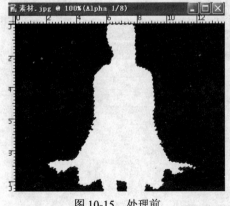

图 10-15　处理前

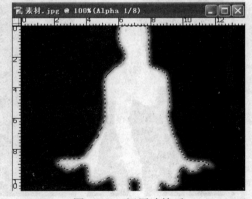

图 10-16　运用滤镜后

10.2.4　通道面板菜单

单击【通道】面板右上角的右三角按钮，就可出现通道面板菜单，如图 10-17 所示。

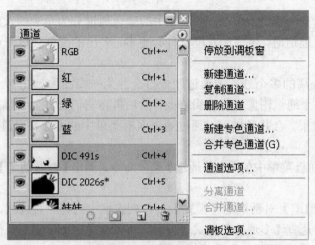

图 10-17　通道面板菜单

1. 复制通道

执行通道面板菜单中的【复制通道】命令，会弹出【复制通道】对话框，如图 10-18 所示。

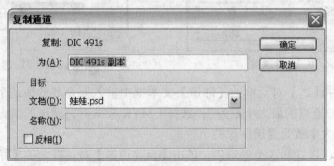

图 10-18　【复制通道】对话框

- 【为】文本框：用来输入复制的新通道名称。
- 【文档】列表框：其内有打开的图像文件的名称，用来选择复制目标图像；当选择【新建】选项时，【文档】下拉列表框下面的【名称】文本框有效。
- 【名称】文本框：用来输入将新建的图像文件的名称。
- 【反相】复选框：复制的新通道与原通道相比是反相的，即原来通道中有颜色的区域，在新通道中为没有颜色的区域，原来通道中没有颜色的区域，在新通道中为有颜色的区域。

在当前图像中复制通道的简便方法：用鼠标将要复制的通道拖到【通道】面板中的【创建新通道】图标按钮上再松开鼠标，或右击通道缩览图，选择【复制通道】命令。

2. 删除通道

执行通道面板菜单中的【删除通道】命令，会将选中的通道删除，也可以直接将需要删除的通道拖到【通道】面板底部的【删除当前通道】图标上，或右击通道缩览图，选择【删除通道】道命令。

需要注意的是如果删除了一个颜色通道，图像的颜色模式会自动转为【多通道模式】。

3. 分离与合并通道

当编辑的图像是 CMYK 或 RGB 模式，且没有专色通道或 Alpha 选区通道，则可以通过通道面板菜单中的【分离通道】命令，将图像中的颜色通道分为单独的灰度文件。如果图像中有专色或 Alpha 选区通道时，生成的灰度文件会更多，多出的文件会以专色通道或 Alpha 选区通道的名称来命名。

合并通道是将分离的多个独立的通道图像再合并为一幅图像。在将一幅图像进行分离通道操作后，可以对各个通道图像进行编辑修改，然后再将它们合并为一幅图像。这样就可以得到一些特殊的加工效果。合并通道可以通过通道面板菜单中的【合并通道】命令来完成。操作具体步骤如下：

（1）单击通道面板菜单中的【合并通道】菜单命令，调出【合并通道】对话框，如图 10-19 所示。

（2）在【合并通道】对话框的【模式】下拉列表框中选择一种模式，如图 10-20 所示，呈灰色表示不可选，选择【多通道】模式选项时，可以合并 Alpha 通道，但是合并后的图像是灰色图像，选择其他模式则不可选择 Alpha 通道。

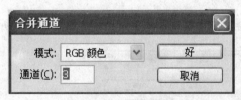

图 10-19　合并通道

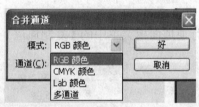

图 10-20　模式列表

（3）在【合并通道】对话框的【通道】文本框中输入要合并的通道个数。在选择 RGB 模式或 lab 模式后，通道的最大个数为 3；选择 CMYK 模式时，通道的最大个数为 4；选择多通道时，通道的最大个数为通道图像的个数。

（4）选择 RBG 模式和 3 个通道后，单击【合并通道】对话框内的【好】按钮，调出【合并 RGB 通道】对话框，如图 10-21 所示。其他 CMYK、LAB 模式类似。

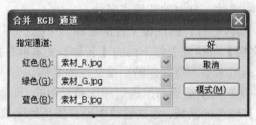

图 10-21　【合并 RGB 通道】对话框

（5）如果选择了多通道模式，如图 10-22 所示，则单击【合并通道】对话框内【好】按钮，会调出【合并多通道】对话框，如图 10-23 所示。在该对话框的【图像】下拉列表框内选择对应通道的图像文件，按向导完成设置即可。

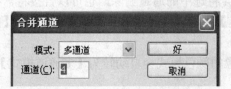

图 10-22　选择【多通道】模式

图 10-23　【合并多通道】对话框

4. 显示和隐藏通道

在图像加工中，常需要将一些通道隐藏起来，而让另一些通道显示出来，它的操作方法与显示和隐藏图层的方法相似，在些不述，不可以将全部通道隐藏。

5. 调板选项

在调板选项中可以设定通道面板中缩览图的大小，如图 10-24 所示。

图 10-24　通道调板选项

10.2.5　通道计算

【计算】对话框允许直接以不同的 Alpha 选区通道进行计算，以生成新的 Alpha 选区通道。使用通道计算功能，可将两个不同图像中的两个通道混合起来，或者把同一幅图像中的两个通道混合起来，然后将所创建的通道重新组合。用通道计算功能加在一个新的通道或文档中去，常用于生成特效。选择菜单【图像】|【计算】命令，通道计算对话框如图 10-25 所示。

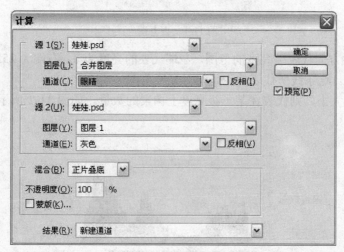

图 10-25　通道计算

第 11 章 图像色彩和色调调整

11.1 图像色调的简单调整

11.1.1 直方图

直方图默认是和【信息】面板组合在一起的，也可以从【窗口】|【直方图】调出，大致如图 11-1 所示。单击右三角按钮，选择【扩展视图】和【显示统计数据】命令，在【通道】列表框中选择【亮度】。

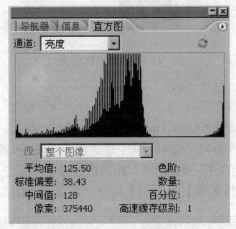

图 11-1 直方图

直方图中 X 轴方向代表了亮度的范围，左端代表的亮度为 0，右端为 255。所有的亮度都分布在这条线段上。这条线所代表的也是绝对亮度范围。

Y 轴方向上的大小，则代表在某一级亮度上像素的数量。如图 11-2 所示，约四分之三处的像素数量最多。

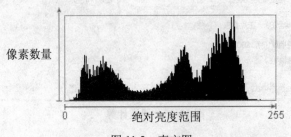

图 11-2 直方图

在直方图中移动的时候，统计数据会显示目前所处的亮度色阶，以及该亮度色阶上的像素数量，如图 11-3 左图所示。也可以拖动选择一个范围，统计数据会显示所选范围的色阶值，以及范围中所包含的像素数量，如图 11-3 右图所示。在使用曲线等工具的调整过程中，直方图也会同时给出比较效果，原亮度色阶分布以灰色显示，新亮度色阶分布以黑色显示。不过没有类似【信息】面板那样的数值对比功能。

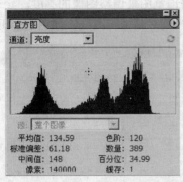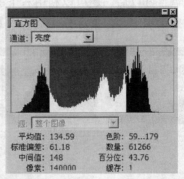

图 11-3　直方图

现在知道如何通过直方图判断图像中是否有纯黑和纯白像素了吧？就是将鼠标移动到 0 或 255 色阶位置，看看像素数量是否为 0 即可。

11.1.2　调整图像的色调

使用【变化】命令可以在调整图像或选区的色彩平衡、对比度和饱和度的同时，看到图像或选区调整前后的缩览图，使调节更为简单、清楚、直观。

具体操作方法为：

（1）打开需调整的图像文件。

（2）选定要进行调整的区域。如果要求对整幅图像进行调整，则不需要选定区域。

（3）选择菜单【图像】|【调整】|【变化】命令，则会出现【变化】对话框，如图 11-4 所示。

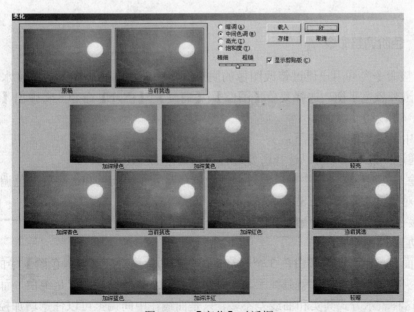

图 11-4　【变化】对话框

（4）选择要进行调整的项目，同时对话框下面的预览图会发生相应的变化。

（5）通过调整滑杆来调节每次调整图像的变化量。

（6）用鼠标单击对话框左下预览图中的不同图像可以进行色调调整。

（7）颜色调整好以后，还可以利用右下的预览图来调整图像的亮度。

（8）在调整选项中，如果选择【饱和度】，则对话框将改变，如图 11-5 所示。

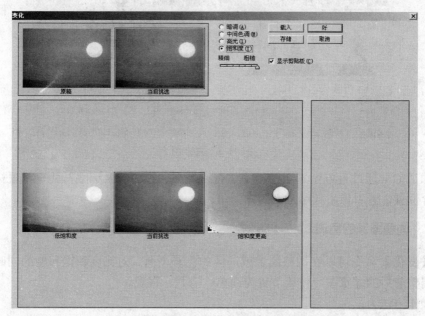

图 11-5　变化饱和度对话框

（9）完成图像的调整以后，单击【好】按钮确认对图像的调整。

11.2　图像色调的精细调整

11.2.1　色阶调整命令

色阶调整命令允许用户通过修改图像的阴影区、中间色调和高光区的亮度水平来调整图像的色调范围和颜色平衡。选择菜单【图像】|【调整】|【色阶】命令，将弹出【色阶】对话框，如图 11-6 所示。

对话框中各选项的含义如下：

（1）通道：该选项中可以选择所要进行色调调整的颜色通道。

（2）输入色阶：该选项中可以通过分别设置最暗处、中间色和最亮处的色调值来调整图像的色调和对比度，有三种方法：

1）直接在方框中输入色调值。

2）拖动三个色调滑块。

注意下面有黑色、灰色和白色 3 个小箭头，它们的位置对应【输入色阶】中的三个数值。其中黑色箭头代表最低亮度，就是纯黑，也可以说是黑场。白色箭头就是纯白，而灰色箭头就是中间调。这种表示方式其实和曲线差不多，只是曲线在中间调上可以任意增加控制点，色阶不行。所以在功能上色阶不如曲线灵活。色阶设置框中的【自动】和【选项】的用途与曲线设置框中的一样，如图 11-7 所示。

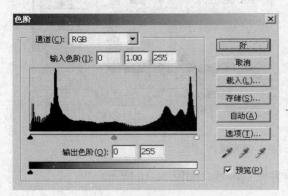

图 11-6 【色阶】对话框

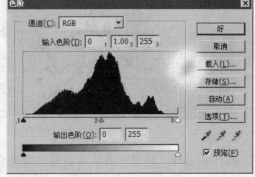

图 11-7 【色阶】对话框

3）通过吸管工具。

（3）输出色阶：通过设置输出色阶，可以减小图像的对比度。

位于下方的输出色阶，就是控制图像中最高和最低的亮度数值。如果将输出色阶的白色箭头移至 200，那么代表图像中最亮的像素是 200 亮度。如果将黑色箭头移至 60，就代表图像中最暗的像素是 60 亮度。

（4）按钮功能。

- 【载入】按钮可以载入外部的色阶。
- 【存储】按钮可以保存调整好的色阶。
- 【自动】按钮能对图形色阶做自动调整。

示例：

（1）打开如图 11-8 所示的图像。

图 11-8 原图

（2）使用【图像】|【调整】|【色阶】菜单命令，如图 11-9 所示。

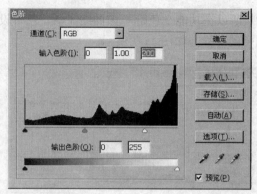

图 11-9　调整亮调区域

同样的道理，将黑色箭头向右移动就是合并暗调区域，如图 11-10 所示。

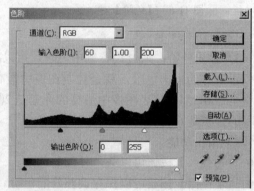

图 11-10　调整暗调区域

灰色箭头代表了中间调在黑场和白场之间的分布比例，如果往暗调区域移动图像将变亮，因为黑场到中间调的这段距离，比起中间调到高光的距离要短，这代表中间调偏向高光区域更多一些，因此图像变亮了。灰色箭头的位置不能超过黑白两个箭头之间的范围，如图 11-11 所示。

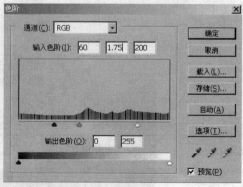

图 11-11　调整中间调区域

11.2.2　自动色阶调整命令

对于比较明显的缺乏对比度的图像，可以用【自动色阶】命令调整。选择菜单【图像】|

【调整】|【自动色阶】命令，即可完成自动色阶调整操作。

　　如果某区域颜色过暗或过亮，可以在【色阶】对话框中单击【选项】按钮，打开【自动颜色校正选项】对话框。

　　在对话框中可以输入 0～9.99 之间的数值，用以增强一部分的黑色和白色像素。如在【暗调】选项中输入 2.00，则表示将增强 2%的黑色像素，使图像变暗一些。采用自动颜色校正选项可以弥补自动色阶调整的不足，其对话框如图 11-12 所示。

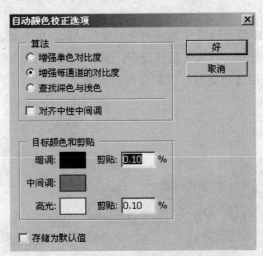

图 11-12　【自动颜色校正选项】对话框

　　自动色阶其实与在前面曲线和色阶设置框中所用到的自动功能一样，将红色、是绿色、蓝色 3 个通道的色阶分布扩展至全色阶范围。这种操作可以增加色彩对比度，但可能会引起图像偏色。如图 11-13 所示是应用【自动色阶】命令的对比效果。

原图

图 11-13　应用【自动色阶】命令的效果

11.2.3　自动对比度调整命令

选择菜单【图像】|【调整】|【自动对比度】命令，可以自动调整图像的对比度。它将图像中最亮和最暗的像素分别转换为白色和黑色，使得高光区显得更亮，阴影区显得更暗，从而增大图像的对比度。

自动对比度调整命令可以较好地改进照片或其他色调连续的图像，但对色调单一的图像不会起什么作用。

自动对比度是以 RGB 综合通道作为依据来扩展色阶的，因此增加色彩对比度的同时不会产生偏色现象。也正因为如此，在大多数情况下，颜色对比度的增加效果不如自动色阶来得显著。如图 11-14 所示是应用【自动对比度】命令的效果。

原图

图 11-14　应用【自动对比度】命令的效果

11.2.4　自动颜色

选择菜单【图像】|【调整】|【自动颜色】命令，可以自动调整图像的颜色。

自动颜色命令除了增加颜色对比度以外，还将对一部分高光和暗调区域进行亮度合并。最重要的是，它把处在 128 级亮度的颜色纠正为 128 级灰色。正因为这个对齐灰色的特点，使得它既有可能修正偏色，也有可能引起偏色。如图 11-15 所示是应用【自动颜色】命令的效果。

原图

图 11-15　应用【自动颜色】命令的效果

11.2.5　曲线调整命令

与【色阶】命令类似，【曲线】命令同样可以调整图像的整个色调范围。选择菜单【图像】|【调整】|【曲线】命令，将弹出【曲线】对话框，如图 11-16 所示。

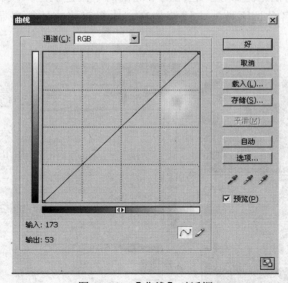

图 11-16　【曲线】对话框

- 通道：选择要调整色调的通道。
- 曲线区：横坐标表示原始图像中像素的亮度分布，从左向右依次有暗调、1/4 色调、中间色调、3/4 色调、高光。纵坐标表示调整后图像中像素的亮度分布。

在具体调节曲线形状时，有两种工具可供选择：曲线工具和铅笔工具。

针对图像质量方面常见的一些问题介绍几种调整曲线：

（1）对于缺乏对比度的图像，通常是一些扫描图片。这类图像的色调过于集中在中间色调范围内，缺少明暗对比。可以在曲线中锁定中间色调，将阴影区曲线稍稍下调，将高光区曲线稍稍上扬，这样可以使阴影区更暗，高光区更亮，明暗对比就明显了，如图 11-17 所示。

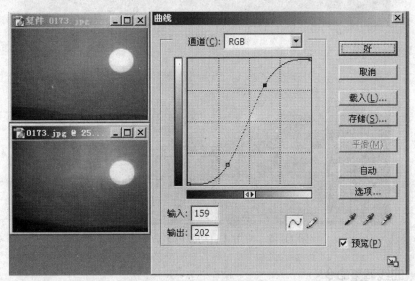

图 11-17　调整对比度

（2）对于颜色过暗的图像。色调过暗往往会导致图像细节的丢失。这时可以在曲线中将阴影区曲线上扬，将阴暗区减少，这样调节的同时中间色调区曲线和高光区曲线也会微微上扬，结果是图像的各色调区按一定比例加亮，比起直接整体加亮显得更有层次感，如图 11-18 所示。

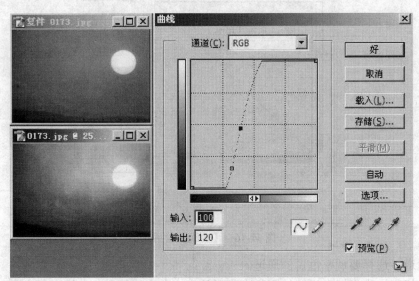

图 11-18　调整颜色过暗的图像

（3）对于颜色过亮的图像。色调过亮也会导致图像细节的丢失。这时在曲线中将高光区曲线稍稍下调，将高光区减少，同时中间色调区和阴影区曲线也会微微下调，这样各色调区会按一定比例变暗，比起直接整体变暗来说，更显层次感，如图 11-19 所示。

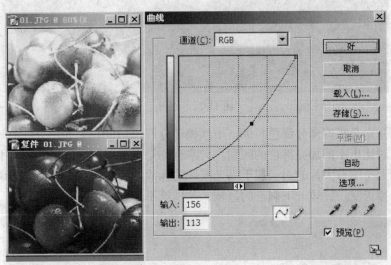

图 11-19　调整颜色过亮的图像

11.2.6　色彩平衡调整命令

【色彩平衡】命令可以简单快捷地调整图像阴影区、中间色调和高光区的色彩成分，混合各色彩并达到平衡。选择菜单【图像】|【调整】|【色彩平衡】命令，弹出【色彩平衡】对话框，如图 11-20 所示。

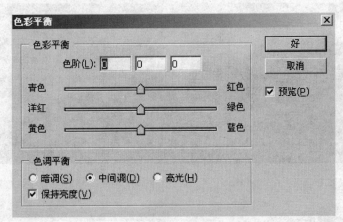

图 11-20　【色彩平衡】对话框

各选项的含义如下：

- 色调平衡：选择需要调节色彩平衡的色调区，可选项有暗调、中间调和高光。
- 保持亮度：在改变色彩成分的过程中，保持图像的亮度值不变。
- 色彩平衡：调整图像色彩平衡的方法就是调节图中的三个滑块或在方框中输入 -100~100 之间的数值即可。

我们使用下面的范例图片作为原始素材，如图 11-21 所示。

图 11-21　原图

　　图 11-22 分别是暗调部分红色+100，中间调部分红色+100，高光部分红色+100 的效果。可以很明显地对比出不同加亮部位的区别。大家也许觉得暗调和中间调的区别不如高光明显，那是因为背景天空中有大片的白云属于高光区域的缘故，而白云在暗调和中间调都没有改变。可以用手遮挡掉天空，比较一下剩下的区域，差别就不那么明显了。

图 11-22　调整色彩平衡

　　我们知道，对于增加红色成分的操作，换句话说就是提升红色的发光级别。这在曲线操作上很容易感觉到。绿色、蓝色也是如此，提升这三基色的同时会造成图像整体亮度的提升。色彩平衡设置框的最下方有一个【保持亮度】选项，它的作用是在三基色增加时下降亮度，在三基色减少时提高亮度，从而抵消三基色增加或减少时带来的亮度改变。如图 11-23 所示，前两幅是中间调+100 时，关闭和打开【保持亮度】选项的效果。后两幅是中间调-100 时，关闭和打开【保持亮度】选项的效果。

图 11-23　色彩平衡对比图

11.2.7　亮度/对比度调整命令

【亮度/对比度】命令能一次性对整个图像做亮度和对比度的调整。选择菜单【图像】|【调整】|【亮度/对比度】命令，将弹出【亮度/对比度】对话框，如图 11-24 所示。

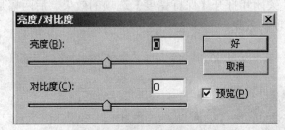

图 11-24　【亮度/对比度】对话框

（1）【亮度】滑杆用于调整图像的亮度，向左移动滑块，图像将变暗，向右移动滑块，图像将变亮。也可以直接在方框中输入数值以改变图像的亮度，其范围是-100~100。

（2）【对比度】滑杆用于调整图像的对比度，向左移动滑块，图像的对比度将减弱，向右移动滑块，图像的对比度将增强。也可以直接在方框中输入数值以改变图像的亮度，其范围是-100~100。

（3）如果选择了【预览】选项，则在调整图像的亮度和对比度时，屏幕上的图像将随之发生变化，以显示调整效果。

11.2.8　色相/饱和度调整命令

【色相/饱和度】命令可以让用户单独调整图像中一种颜色成分的色相、饱和度和明度。选择菜单【图像】|【调整】|【色相/饱和度】命令，将弹出【色相/饱和度】对话框，如图 11-25 所示。

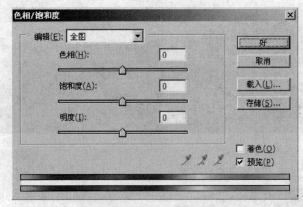

图 11-25　【色相/饱和度】对话框

- 编辑：选择要进行调整的颜色范围。
- 色相：在方框中输入数值或拖动滑块进行调整。
- 饱和度：在方框中输入一个值或拖动滑块进行调整。
- 明度：在方框中输入一个数值或拖动滑块改变所调颜色的明度。
- 颜色条：上方的色谱固定，下方的色谱显示了调整以后的所有色相。

● 着色：给灰度图像上色，或创作单色调效果的图像。

下面使用花卉图片进行调整，如图 11-26 所示。

图 11-26　原图

打开设置框，我们已经知道拉动色相的滑块可以改变色相，现在注意下方有两个色相色谱，其中上方的色谱是固定的，下方的色谱会随着色相滑块的移动而改变。这两个色谱的状态其实就是在告诉我们色相改变的结果。

如图 11-27 所示，观察两个方框内的色相色谱变化情况，在改变前红色对应红色，绿色对应绿色。在改变之后红色对应到了绿色，绿色对应到了蓝色。这就是告诉我们图像中相应颜色区域的改变效果。图中红色的花变为了绿色，绿色的树叶变为了蓝色。

图 11-27　调整色相

饱和度是控制图像色彩的浓淡程度，类似电视机中的色彩调节一样。改变的同时下方的色谱也会跟着改变。调至最低的时候图像就变为灰度图像了。对灰度图像改变色相是没有作用的，如图 11-28 所示。

图 11-28　调整饱和度

11.2.9　去色调整命令

【去色】命令能够去除图像中所有的色彩，将图像转变为统一色彩模式的灰度图像。在色彩被除去的过程中，每个像素保持原有的亮度值。

该命令能产生与在【色相/饱和度】对话框中将饱和度调为-100 时相同的效果。

如果图像有多个图层，则【去色】命令只会作用于被选择的图层。如图 11-29 是去色前后的对比图。

图 11-29　去色对比

11.2.10　匹配颜色

虽然通过曲线或色彩平衡之类的工具，我们可以任意地改变图像的色调，但如果要参照另外一幅图片的色调作调整的话，还是比较复杂的，特别是在色调相差比较大的情况下。为此 Photoshop 专门提供了在多幅图像之间进行色调匹配的命令。需要注意的是，必须在 Photoshop 中同时打开多幅图像（2 幅或更多），才能够在多幅图像中进行色彩匹配。我们使用如图 11-30 所示的青山和花图像来做实验。

将其中一幅图片处在编辑状态，然后启动【匹配颜色】命令，会看到如图 11-31 所示的设置对话框。在顶部的目标图像中显示被修改的图像文件名，如果目标图像中有选区存在的话，文件名下方的【应用调整时忽略选区】项就会有效，此时可选择只针对选区还是针对全图进行色彩匹配。

设置框下方的【图像统计】选项中可以选择颜色匹配所参照的源图像文件名，这个文件必须是同时在 Photoshop 中处于打开状态的，如果源文件包含了多个图层，可在【图层】下拉列表中选择只参照其中某一层进行匹配。

青山

花

图 11-30　青山和花

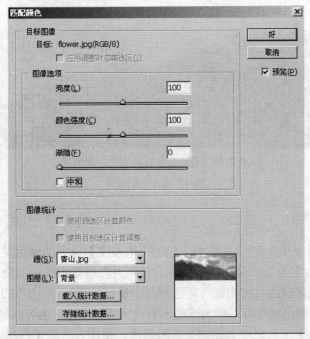

图 11-31　【匹配颜色】对话框

　　最下方【存储统计数据】按钮的作用是将本次匹配的色彩数据存储起来，文件扩展名为.sta。这样下次进行匹配的时候可选择载入这次匹配的数据，而不再需要打开这次的源文件，也就是说在这种情况下就不需要再在 Photoshop 中同时打开其他图像了。载入颜色匹配数据可以被编辑到【自动批处理】命令中，这样可以很方便地针对大量图像进行同样的颜色匹配操作。

　　在位于设置框中部的【图像选项】中可以设置匹配的效果设置。【中和】选项的作用将使颜色匹配的效果减半，这样最终效果中将保留一部分原先的色调。

　　如图 11-32 所示，分别是将图 11-30 中的青山作为源图像，将图 11-30 中的花作为目标图像，以及两者交换后进行完全颜色匹配和中和颜色匹配的效果。

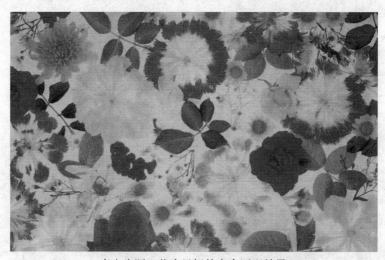

青山为源，花为目标的完全匹配效果

花为源，青山为目标的完全匹配效果

图 11-32　匹配效果

11.2.11　替换颜色

　　这个颜色调整命令和在前面学习过的【色相/饱和度】命令的作用是类似的，可以说它其实就是【色相/饱和度】命令功能的一个分支。使用时在图像中单击所要改变的颜色区域，设置框中就会出现有效区域的灰度图像（需选择显示选区选项），呈白色的是有效区域，呈黑色的是无效区域。改变颜色容差可以扩大或缩小有效区域的范围。也可以使用【添加到取样】工具和【从取样中减去】工具来扩大和缩小有限范围。操作方法同【色相/饱和度】命令一样。

颜色容差和增减取样虽然都是针对有效区域范围的改变,但应该说颜色容差的改变是基于取样范围的基础上的。

另外,也可以直接在灰度图像上单击来改变有效范围,但效果不如在图像中来得直观和准确。除了单击确定,也可以在图像或灰度图中按着鼠标拖动观察有效范围的变化,效果如图11-33 所示。

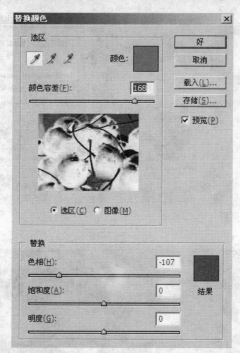

图 11-33   替换颜色

11.2.12 可选颜色

选择菜单【图像】|【调整】|【可选颜色】命令,打开【可选颜色】对话框,如图 11-34 所示。可选颜色的设置可在图像的每个加色和减色的原分量中增加或减少印刷色的量,对所订制的颜色进行更加精细的调整。

- 颜色:选择主色调的颜色。
- 青色、洋红、黄色和黑色:调整这些色彩来改变主色调的颜色。
- 方法:"相对"表示增加或减少每种印刷色的相对改变量;"绝对"表示增加或减少每种印刷色的绝对改变量。

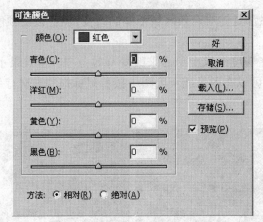

图 11-34　【可选颜色】对话框

调整可选颜色后的对比效果如图 11-35 所示。

原图　　　　　　　　　　　　　　　　可选颜色设置

调整可选颜色的效果

图 11-35　调整可选颜色

11.2.13　通道混合器

通道混合器可以完全混合【通道】面板中所显示出的通道内容，这个工具使用起来可能没有前面的工具那么直观，但确实是非常实用的工具，用它可以调整各个颜色通道的值，还可

以将彩色图像转换成高质量的灰度图像，如图 11-36
所示。

- 输出通道：选择图像的色彩模式，作为最后
  输出的通道。
- 源通道：红色、绿色和蓝色通道中的数值决
  定输出通道所含该颜色的量。
- 常数：为输出通道添加一个不透明的通道，
  正值表示白色通道，负值表示黑色通道。
- 单色：选择此项，将相同设置应用于所有通
  道，并创建只包含灰度值的彩色模式的图像。

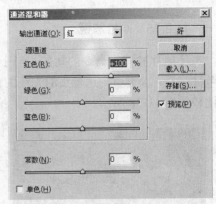

图 11-36　通道混合器

11.2.14　渐变映射

【渐变映射】命令用于将相等的灰度图像的灰度范围映射到指定的渐变填充色上，首先
将图像转换为灰度，然后再用渐变条中显示的不同颜色来替换图像中的各级灰度。如果使用双
色渐变填充，图像中的暗调映射到渐变填充的一个端点颜色，高光映射到另一个端点颜色，而
中间调则会映射到两个端点间的层次，如图 11-37 所示。

原图

使用渐变映射效果

图 11-37　渐变映射效果对比

11.2.15　照片滤镜

【照片滤镜】命令的功能相当于使用传统摄影中的滤光镜，即模拟在相机镜头前加上彩色滤光镜，以调整到达镜头的光线的色温和色彩平衡，从而使底片产生特定的曝光效果。效果比较如图 11-38 所示。

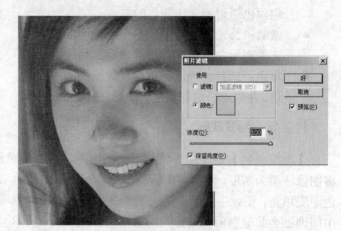

原图　　　　　　　　　　　　　　　　添加照片滤镜的效果

图 11-38　照片滤镜效果对比

11.2.16　暗调/高光

照相时有强逆光则容易使照片产生剪影效果，使用【暗调/高光】命令可以轻松校正。这个命令并不是简单地使图像变亮或变暗，而是基于阴影或高光区周围的像素进行协调地增亮或变暗。

11.2.17　反相

【反相】命令可以将图像中的色彩转换为反转色，白色转为黑色，红色转为青色，蓝色转为黄色等。效果类似于普通彩色胶卷冲印后的底片效果，效果如图 11-39 所示。

图 11-39　反相效果对比

11.2.18　色调均化

使用【色调均化】命令可以重新分配图像中各像素的像素值。当执行此命令后，Photoshop

会寻找图像中最亮和最暗的像素值并且平均所有的亮度值，使图像中最亮的像素代表白色，而
最暗的像素代表黑色，中间各像素值按灰度重新分配，如图 11-40 所示。

原图

色调均化

图 11-40　色调均化效果

11.2.19　阈值

【阈值】命令可将彩色或灰阶的图像变成高对比度的黑白图，效果如图 11-41 所示。

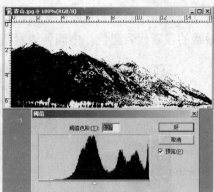

<table>
<tr><td>原图</td><td>阈值为 127 的效果图</td></tr>
</table>

图 11-41　调整阈值

11.2.20　色调分离

【色调分离】命令可定义色阶的多少。此命令可用于在灰阶图像中减少灰阶数量，形成一些特殊的效果。可以在【色调分离】对话框中直接输入数值来定义色调分离的级数。色调分离前后的对比如图 11-42 所示。

原图

图 11-42　色调分离效果

第 12 章　滤镜

滤镜是 Photoshop CS2 最重要的功能之一，使用滤镜可以很容易地创建出非常专业的效果。滤镜的功能虽然较大，使用方法却非常简单。Photoshop CS2 中的所有滤镜名称都列在【滤镜】菜单的各个子菜单中，使用这些命令即可启动相应的滤镜功能。

12.1　滤镜的应用

1. 直接应用滤镜

如果滤镜命令后没有符号"…"，表示该滤镜不需要进行任何参数设置，使用这种滤镜时，系统会直接将滤镜效果应用到当前图层中，而不会出现对话框。

2. 在单独的滤镜对话框中应用滤镜

如果滤镜命令后有符号"…"，表示在使用滤镜时，系统会弹出一个对话框，并要求设置一些选项和参数。其中某些滤镜会弹出 12.2 节将要讲到的"滤镜库"，在其中可以设置一系列的滤镜效果，而其余的则会弹出单独的滤镜选项对话框，用户可在对话框中设置该滤镜的选项和参数。

12.2　使用滤镜库

使用滤镜库可以在同一个对话框中添加并调整一个或多个滤镜，并按照从下往上的顺序应用滤镜效果，滤镜库的最大特点是在应用和修改多个滤镜时效果直观，修改方便。下面就来具体讲解滤镜库的功能及其应用。

12.2.1　认识滤镜库

在菜单中执行【滤镜】|【滤镜库】命令，弹出图 12-1 所示的对话框。从该对话框中可以看出，滤镜库是将众多的（并不是所有的）滤镜集合到该对话框中，通过打开某一个滤镜序列并使用相应命令的缩览图，即可对当前图像应用该滤镜，应用滤镜后的效果将显示在左侧【预览区】中。

【滤镜库】对话框中各个区域的功能含义如下：

1. 预览区

在该区域中显示添加当前滤镜后的图像效果。当鼠标指针放置到该区域时，鼠标指针会自动变成 🖐（抓手工具），此时按住并拖动鼠标，可以查看图像的其他部分。

按 Ctrl 键，预览区中 🖐（抓手工具）会切换为 🔍（放大）工具，此时在预览区单击，即可放大图像的显示；按 Alt 健，预览区中 🖐（抓手工具）会切换为 🔍（缩小）工具，此时单击预览区，即可缩小图像的显示。

2. 滤镜选择区

在该区域中显示的是已经被集成的滤镜，单击滤镜序列的名称即可将其展开，并显示出该序列中包含的滤镜命令，单击相应命令的缩览图即可应用滤镜。

图 12-1　滤镜库对话框

在滤镜选择区右上角单击 ^ 按钮，可以隐藏该区域，并扩大预览区，从而更加清楚地观看应用滤镜后的效果。再次单击此按钮，可重新显示滤镜选择区。

3. 参数设置区

在该区域中可以设置当前已选命令的参数。

4. 显示比例区

在该区域中可以调整预览区中图像的显示比例。

5. 滤镜控制区

这是【滤镜库】命令的一大亮点，该区域所支持的功能，可以在一个对话框中对图像同时应用多个滤镜，并将添加的滤镜效果叠加起来，还可以如同在【图层】面板中修改图层顺序那样调整各个滤镜层的顺序。

12.2.2　滤镜库的应用

在滤镜库中选择一种滤镜，滤镜控制区将显示该滤镜，单击滤镜控制区下方的 ◻（新建效果图层）按钮，将新添加一种滤镜。

1. 多次应用同一滤镜

通过在滤镜库中应用多次同样的滤镜，可以增加滤镜对图像的作用效果，使滤镜效果更加显著。

2. 应用多个不同滤镜

如果要在滤镜库中应用多个不同的滤镜，可以在滤镜控制区中选择滤镜的名称，然后单击滤镜控制区下方的按钮 ◻，新添加一种滤镜。再在滤镜选择区中选择要应用的滤镜命令，即可将当前选中的滤镜修改为新的滤镜。

3. 调整滤镜顺序

在滤镜效果列表中的滤镜顺序决定了当前图像的最终效果，因此当这些滤镜的应用顺序发生变化时，最终得到的图像效果也发生变化。

12.3 使用 Photoshop CS2 普通滤镜

Photoshop CS2 内置了 13 种普通滤镜，分别位于【滤镜】菜单的 13 个子菜单中，下面就是具体讲解这些滤镜的效果。

12.3.1 像素化滤镜组

该类别滤镜可将图像分块或平面化。该命令位于【滤镜】菜单的【像素化】子菜单中，包括 7 种滤镜，全部都不可以在滤镜库中使用。

1. 彩块化

【彩块化】滤镜可以使纯色或相近颜色的像素连结成为彩色像素块。使用此滤镜可以使扫描的图像看起来像手绘的效果。该滤镜无需设置参数，将直接应用滤镜效果。

2. 彩色半调

【彩色半调】滤镜模拟在图像的每个通道上使用放大的半调网屏的效果。滤镜将图像划分为矩形，并用圆形替换每个矩形。圆形的大小与矩形的亮度成比例。其对话框如图 12-2 所示。

【最大半径】用于设置最大像素的数值，它控制网格的大小。

【网角（度）】用于设置屏蔽度数，4 个通道分别代表填入的颜色之间的角度。

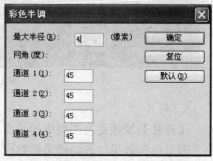

图 12-2 【彩色半调】对话框

3. 晶格化

【晶格化】滤镜可以使相近的像素集结形成多边形网格。【晶格化】滤镜对话框如图 12-3 所示，【单元格大小】可以调节多边形的网格大小，数值较大时会使图像失去本来的面目。

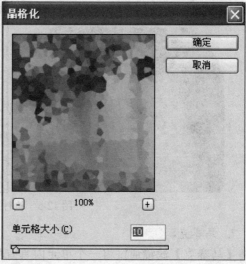

图 12-3 执行【晶格化】命令

4．点状化

【点状化】滤镜可以使图像产生随机的彩色斑点，该效果如同点状化绘画一样，并使用背景色作为点与点之间的画布区域颜色。其对话框如图 12-4 所示，【单元格大小】用于控制效果中颜色点的大小。

图 12-4　执行【点状化】命令

5．碎片

【碎片】滤镜是将图像中的像素在拷贝 4 次以后将它们平均移位，从而形成一种不聚集的"四重视"效果，该滤镜无参数设置对话框。

6．铜版雕刻

【铜版雕刻】滤镜在图像中随机分布各种不规则的图案效果。其对话框如图 12-5 所示，在【类型】下拉列表中有 10 种类型可供选择，相应地可以产生不同效果的图像。

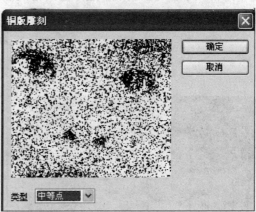

图 12-5　执行【铜版雕刻】命令

7．马赛克

【马赛克】滤镜通过将一个单元内具有相似色彩的所有像素变为同一颜色，来模拟马赛克的效果。该滤镜的对话框同【点状化】滤镜相似，如图 12-6 所示。

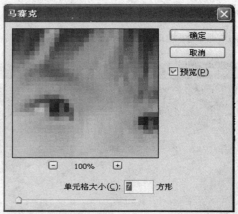

图 12-6　执行【马赛克】命令

12.3.2　扭曲滤镜组

扭曲滤镜组可以将图像进行各种几何扭曲，该类别的滤镜命令位于【滤镜】菜单的【扭曲】子菜单中，包括 13 种滤镜。其中【玻璃】、【扩散亮光】和【海洋波纹】滤镜可以在滤镜库中使用。

1. 切变

【切变】滤镜可以在垂直方向上将图像进行弯曲处理。其对话框如图 12-7 所示。

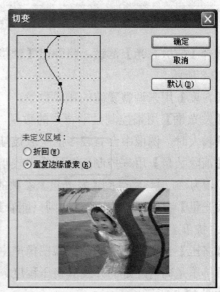

图 12-7　执行【切变】命令

【折回】为缠绕模式，即图像中弯曲出去的图像会在相反方向的位置显示。

【重复边缘像素】为平铺模式，即图像中弯曲出去的图像不会在相反方向的位置显示。

【切变】滤镜的调整只需在【切变】对话框中的竖线上单击，这时会自动增加一个调整点，然后左右拖动此点即可。

2. 扩散亮光

【扩散亮光】滤镜将工具箱中的背景色作为基色对图像进行渲染，生成一种发光的效果。

它将透明的白色杂点添加到图像中，并从选区的中心向外渐隐亮光。使用此滤镜会使图像中较亮的区域产生一种光照的效果，如图 12-8 所示。

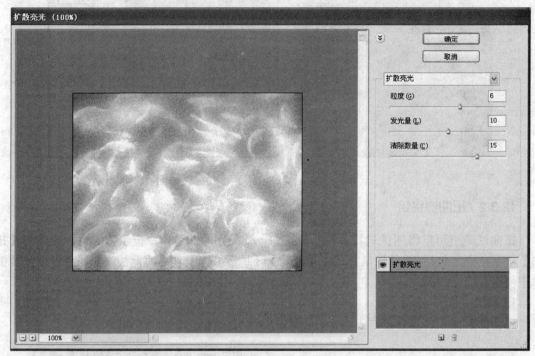

图 12-8 【扩散亮光】对话框

选择【扩散亮光】滤镜，将弹出【滤镜库】对话框。在该对话框中有 3 个参数供调节，如图 12-8 所示。

【粒度】用来调整噪波的颗粒数量。

【发光量】用来控制显示背景的数量。其参数设置较小时，图像将保持原有的样子；参数设置较大时，图像中会有较多的区域被灯光覆盖，只有少数区域被显示出来。

【清除数量】用来控制清除图像中较暗区域的多少。当参数设置为 0 时，将看不到原图像；设置为 20 时，将受到【发光量】参数的影响，【发光量】设置为 0 时，将保持原图像；若将【发光量】参数设置为 20 时，则只能看到原图像中最暗的区域。

3．挤压

【挤压】滤镜使选定的范围或图像产生挤压变形的效果。在该滤镜对话框中，【数量】用来设置挤压是向内还是向外及其挤压程度。负值使图像向外膨胀，正值使图像向内压缩，其对话框如图 12-9 所示。

4．旋转扭曲

【旋转扭曲】滤镜可以产生一种旋转的风轮效果。使用该滤镜，图像将以中心为物体中心旋转，中心的旋转程度比边缘的旋转程序大，其对话框如图 12-10 所示。

在【旋转扭曲】滤镜对话框中，【角度】用来调整图像旋转的角度。设置值为 0 时，图像不变，设置值大于 0 时为顺时针旋转，设置值小于 0 时为逆时针旋转。

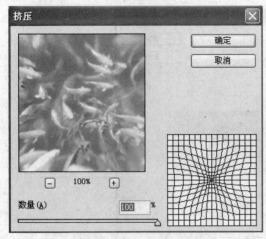

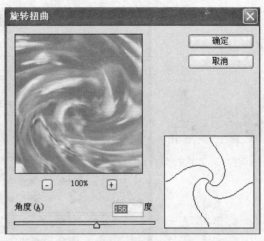

图 12-9　【挤压】命令的对话框　　　　图 12-10　【旋转扭曲】命令的对话框

5. 极坐标

【极坐标】滤镜可以将图像坐标从平面坐标转为极坐标，或将图像从极坐标转为平面坐标效果。它能将直的物体拉弯，也能将圆的物体拉直。

其对话框如图 12-11 所示，【选项】用于设置【平面坐标到极坐标】或【极坐标到平面坐标】。

6. 水波

【水波】滤镜可以产生池塘波纹和旋转的效果。在其对话框中【数量】用来设置波纹的数量。参数为正值时图像中的波纹向外凸出，参数为负值时图像中的波纹向内凹进。其对话框如图 12-12 所示。

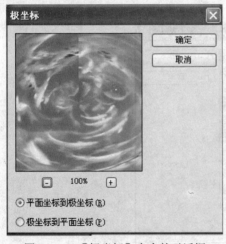

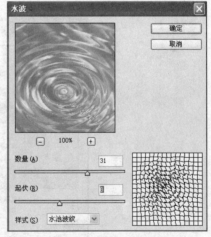

图 12-11　【极坐标】命令的对话框　　　　图 12-12　【水波】命令的对话框

图像中水波的凹凸程序是由【数量】决定的。【起伏】用来设置波纹的多少。【样式】用来设置波纹的类型，其类型有 3 种：【围绕中心】、【从中心向外】和【水池波纹】。

7. 波浪

【波浪】滤镜通过选择不同的波长（从一个波峰到下一个波峰的距离）来产生不同的波动效果。如图 12-13 所示为该滤镜命令的对话框。

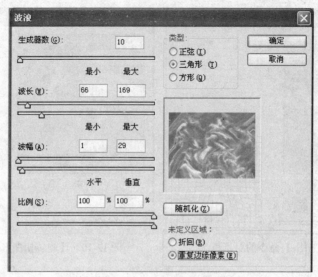

图 12-13　【波浪】命令的对话框

【生长器数】用于设置产生波的数量，其参数设置越高，产生的图像越模糊。

【波长】用于设置波峰的间距，【最小值】移动的范围取决于【最大值】。该选项的设置数值为 1 到最大值，相反，【最大值】的取值范围是最小值所设置的数值至 999。

【比例】用于设置水平、垂直方向的变形度。

【未定义区域】选项组用于设置未定义区域的类型。

8.　波纹

【波纹】滤镜可以产生水纹涟漪的效果，还能模拟大理石纹理的效果。【波纹】滤镜对话框如图 12-14 所示。

图 12-14　【波纹】命令的对话框

在该对话框中，【数量】用来设置产生涟漪的数量。如参数设置得过高或低时，图像就会产生强烈的变化，所以，把参数设置在-300%～+300%时，才会产生好的效果。

【大小】用于设置涟漪的大小，在其下拉列表中有【大】、【中】和【小】3 个选项。

9. 海洋波纹

【海洋波纹】滤镜可以产生将图像浸在水里的效果（其波纹是随机分割）。图 12-15 所示为该滤镜命令的对话框。

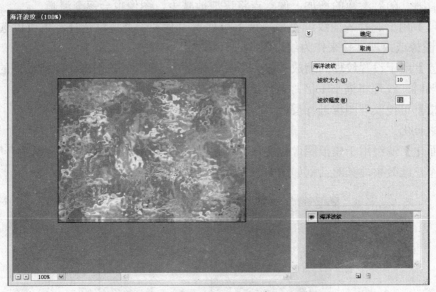

图 12-15 　【海洋波纹】命令的对话框

【波纹大小】用来设置波纹的大小。其数值较大时将产生较大的波纹。

【波纹幅度】用于设置波纹的数量。该值为 0 时，无论【波纹大小】怎么设置也不会产生任何效果。

10. 玻璃

【玻璃】滤镜可以使图像产生一种透过不同类型的玻璃看图像的效果。图 12-16 所示为该滤镜命令的对话框。

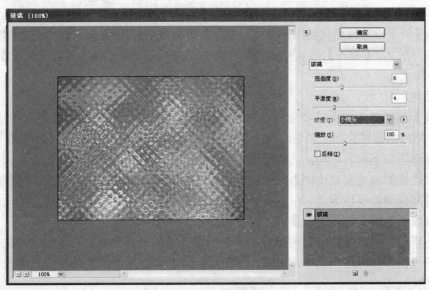

图 12-16 　【玻璃】命令的对话框

【扭曲度】用于设置变形的程序。当参数设置为 0 时，其图像不会发生任何效果；参数设置为 20 时，则类似透过较厚的一块玻璃来观看图像的变形效果。

【平滑度】用于设置玻璃的平滑程度。当参数设置为 1 时，将产生非常多的像素点，图像极为不清晰。随着参数的增加，像素点将逐渐地减少，图像也会逐渐清晰。

【纹理】用于选择表面纹理类型。该下拉列表中有多个类型供选择，也可以选择扩展名为 PSD 的图像或纹理文件来作为纹理图案进行填充。

【缩放】用于设置纹理的缩放参数。当数值设置为100%时，图像将保持纹理的原样；当设置为 50%时，纹理将缩小 1 倍；当数值设置为 200%时，纹理将放大 1 倍。

【反相】可使纹理图像进行反转。

11．球面化

【球面化】滤镜用于模拟图像包在一个球形上进行扭曲变形，并伸展它以适合所选曲线，对图像制作三维效果，其对话框如图 12-17 所示。

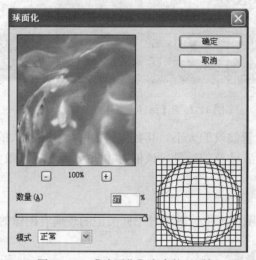

图 12-17　【球面化】命令的对话框

【数量】用于设置球面化的缩放数值。当参数为-100%时，图像向里缩小；当参数为+100%时，图像向外放大。【模式】可选择球面化方向的模式，包括【正常】、【水平优先】和【垂直优先】3 种模式。

12．置换

【置换】滤镜的工作方式并非是在对话框设置后就进行处理的，而是先打开一个文件作为移位图，然后根据移位图上的色值进行像素移置。移位图的色度值控制了移位的方向，低色度值使被筛选图向下向右移动，高色度值使剩余图向上向左移动。

【水平比例】和【垂直比例】分别用于设置水平方向和垂直方向的缩放。【置换图】选项组用于设置移位图的属性方式。在【未定义区域】选项组中，【折回】用于将图像向四周延伸，【重复边缘像素】用于重复边缘像素。

设置完毕后，单击【确定】按钮，在弹出的【选择一个置换图】对话框中，选择 PSD 文件格式的图像作为移位图，选中该图像，单击【打开】按钮，会产生最终的效果图像。

13．镜头校正

利用【镜头校正】滤镜命令可以修复常见的镜头缺陷，如桶形和枕形失真、晕影以及色差。桶形失真，是一种镜头缺陷，它会导致直线向外弯曲到图像的外缘；枕形失真，其效果相反，直线会向内弯曲；晕影，指图像的边缘（尤其是角落）会比图像中心暗；色差，为对象边缘的一圈色边，它是由于镜头对不同平面中不同颜色的光进行对焦而导致的。

打开一张图像，执行【滤镜】|【扭曲】|【镜头校正】命令，弹出如图 12-18 所示的【镜头校正】对话框。

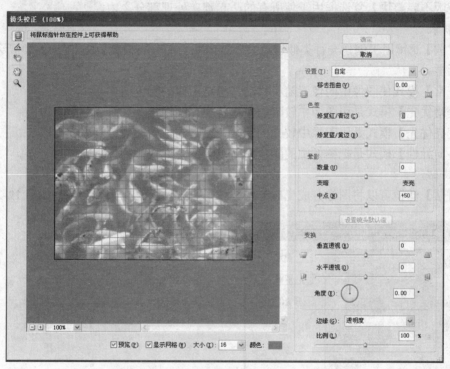

图 12-18　执行【镜头校正】命令的对话框

12.3.3　风格化滤镜组

风格化滤镜组通过置换像素和查找并增加图像的对比度，在选区中生成绘画或印象派的效果。该类别的滤镜命令位于【滤镜】菜单的【风格化】子菜单中，包括 9 种滤镜，其中只有【照亮边缘】滤镜可以在滤镜库中使用。

1．凸出

【凸出】滤镜可以赋予图像一种 3D 的纹理效果，它能将图像化为三维立体或锥体。图 12-19 所示为【凸出】对话框。

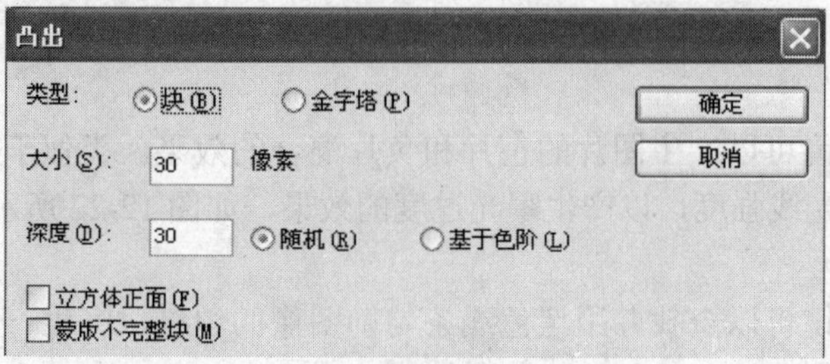

图 12-19　【凸出】命令的对话框

【类型】用于选择类型，即"块"和"金字塔"。

【大小】用于设置块状和金字塔体的底面大小。

【深度】用于设置图像从屏幕凸起的深度，"基于色阶"可使图像中的某一部分亮度增加，使块状和金字塔与色阶连在一起。

【立方体正面】复选框用于在立方体的表面涂上物体的平均色。

【蒙版不完整块】复选框用于使所有的凸起都在处理部分之内。

2．扩散

【扩散】滤镜用于创建一种类似透过磨砂玻璃观看的分离模糊效果。图 12-20 所示为该滤镜的对话框。

【正常】模式使图像中的像素随机移动，忽略图像的颜色值。

【变暗优先】模式是用图像中较暗的像素替换亮的像素。

【变亮优先】模式是用图像中较亮的像素替换暗的像素。

【各向异性】模式是把图像中的颜色重新以渐变的方式排列像素。

3．拼贴

【拼贴】滤镜可以将图像分成瓷砖方块并使每个方块上都有部分图像，如图 12-21 所示。

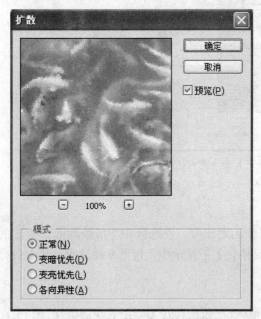

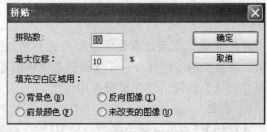

图 12-20　【扩散】命令的对话框　　　　图 12-21　【拼贴】命令的对话框

【填充空白区域用】用于设置填充空白区域的方式，该选项有 4 个单选按钮，分别为"背景色"、"反向图像"、"前景颜色"和"未改变的图像"。

4．曝光过度

【曝光过度】滤镜可以产生图片的正片和负片混合的效果。类似于在摄影过程中将照片在短暂的时间内增加光线强度，以产生曝光过度的效果，如图 12-22 所示。

5．查找边缘

【查找边缘】滤镜可以查找并用黑色线条勾勒图像的边缘，产生一种用铅笔勾勒轮廓的效果，如图 12-23 所示。

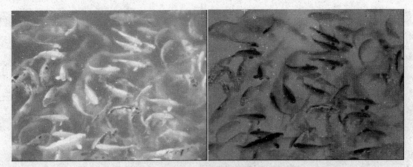

图 12-22 【曝光过度】命令的前后比较图

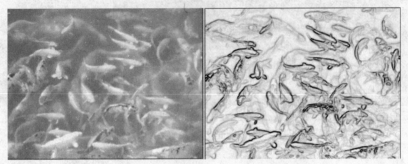

图 12-23 【查找边缘】命令的前后比较图

6. 浮雕效果

【浮雕效果】滤镜通过将图像（或选区）的填充转换为灰色，并用原填充色勾勒出边缘，从而使选区显得凸起或凹陷，图 12-24 所示为该滤镜的对话框。

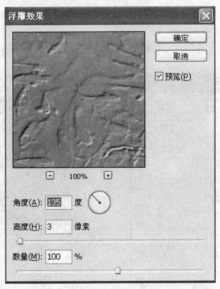

图 12-24 【浮雕效果】命令的对话框

7. 照亮边缘

【照亮边缘】滤镜可以搜寻图像中主要颜色的变化区域并强化其过程像素，使图像的边缘轮廓产生发光的效果。【照亮边缘】滤镜的对话框如图 12-25 所示。

图 12-25 【照亮边缘】命令的对话框

8. 等高线

【等高线】滤镜用于查找图像中的主要亮度区域，并淡淡地勾勒出主要亮度区域，以获得与等高线图中的线条类似的效果，如图 12-26 所示。

【色阶】用于确认边缘线对应的是较暗像素还是较亮像素。

【边缘】选项组用于选择边缘特性，"较低"为低于水平值的像素，"较高"为高于水平值的像素。

9. 风

【风】滤镜可在图像中创建细小的水平线条来模拟风的效果，如图 12-27 所示。

图 12-26 【等高线】命令的对话框

图 12-27 【风】命令的对话框

12.3.4 模糊滤镜组

模糊滤镜组的主要作用是削弱相邻像素间的对比度，从而使图像中过于清晰或对比度过于强烈的区域产生模糊的效果。

1. 动感模糊

【动感模糊】滤镜可以产生动态模糊的效果，它可以模拟拍摄中处于运动状态物体的照片效果。图 12-28 所示为【动感模糊】滤镜的对话框。

【角度】用于设置动感模糊的方向，设置角度之后，即可产生向某一方向运动的效果。【距离】用于设置像素移动的距离，即模糊强度。数值设定越大则模糊强度越强，相反所产生的模糊程度就越弱。

2. 径向模糊

【径向模糊】滤镜能够产生旋转模糊或放射模糊的效果，该滤镜可模拟摄影中的动感镜头，其对话框如图 12-29 所示。

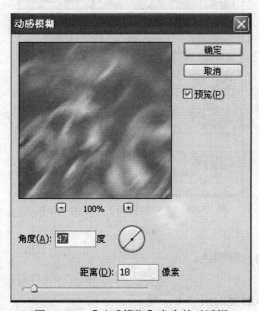

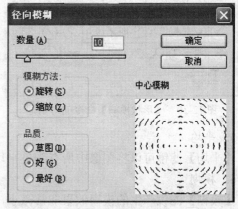

图 12-28　【动感模糊】命令的对话框　　图 12-29　【径向模糊】命令的对话框

【数量】用于设置径向模糊的强度，数值越大则模糊效果越明显。

【模糊方法】选项组用于设置模糊的效果，包括"旋转"和"缩放"两个单选按钮。选中"旋转"单选按钮后，图像会产生旋转模糊的效果，选中"缩放"单选按钮后，图像则会产生放射状模糊的效果。

【品质】选项组用于设置径向模糊的质量，其中包括"草图"、"好"和"最好" 3 个单选钮，但品质越好，处理时间越长。

【中心模糊】为效果预览图，用于设置径向模糊的中心位置。设置中心位置的方法是将鼠标移动到【中心模糊】的预览图中单击即可。

3. 形状模糊

【形状模糊】滤镜通过使用指定的图案来创建模糊的效果。图 12-30 所示为图像使用该滤镜前后的对比效果。

从【自定形状】预设列表中选取一种图案，使用【半径】滑块来调整其大小。通过单击右三角按钮并从列表中进行选取图案。【半径】数值的大小决定了图案的大小，数值越大，模糊强度就越强，相反所产生的模糊程度越弱。

4．方框模糊

【方框模糊】滤镜，针对相邻像素的平均颜色值来创建模糊效果。此滤镜可以调整用于计算给定像素的平均值的区域大小，其对话框如图 12-31 所示。

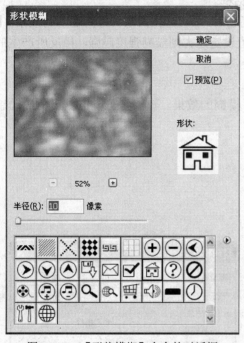

图 12-30　【形状模糊】命令的对话框

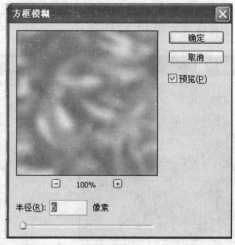

图 12-31　【方框模糊】命令的对话框

5．平均

【平均】滤镜可以将图像中所有颜色平均为一种颜色。

6．模糊

【模糊】滤镜产生的模糊效果非常微小，该滤镜的用途不广泛。

7．进一步模糊

【进一步模糊】滤镜的模糊程序比【模糊】滤镜的效果要强 3~4 倍，但它所产生的效果还是不够明显，所以用途也不是很广泛。

8．特殊模糊

【特殊模糊】滤镜相对于其他模糊滤镜，能够产生一种清晰边界的模糊方式。该滤镜可以找出图像的边缘并指定模糊图像边缘线以内的区域。

【半径】用于设置辐射范围的大小。【阈值】用于设置入口模糊。设置数值较低时，能够找出更多的边缘，此时模糊的效果很微小；反之，虽然找到少的边缘，但模糊效果却很明显。

【特殊模糊】最特别的地方是它的【模式】下拉列表中提供的【正常】、【边缘优先】和【叠加边缘】3 个选项，如图 12-32 所示。

【正常】模糊后的效果与其他模糊滤镜相同。

【边缘优先】在 Photoshop CS2 中以黑色显示图像，以白色绘制出图像边缘像素亮度值变化明显的区域。

【叠加边缘】图像的模糊效果相当于【正常】模式和【边缘优先】模式的作用之和。

9．表面模糊

【表面模糊】滤镜，在保留边缘的同时模糊图像。此滤镜用于创建特殊效果并消除杂色或粒度。其对话框如图 12-33 所示。

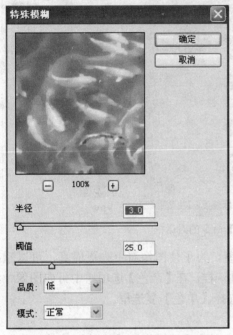

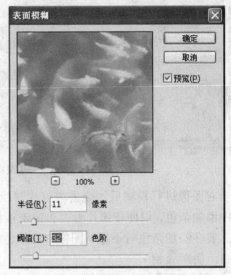

图 12-32　【特殊模糊】命令的对话框　　　　图 12-33　【表面模糊】命令的对话框

【半径】用于设定模糊取样区域的大小。

【阈值】用于控制相邻像素色调值与中心像素色调值的差值，小于阈值的像素值将被排除在模糊之外。

10．镜头模糊

【镜头模糊】滤镜是模拟图像使用镜头模糊处理，使图像产生用镜头观察时的景深模糊效果。该滤镜的对话框比较复杂，如图 12-34 所示。

【深度映射】选项组用于设置图像的模糊深度。从【源】下拉列表中选取一个源（选择"无"选项时此选项组全部变成灰色，即不可使用），拖动【模糊焦距】滑块可以设置位于焦点内像素的深度，如果把【源】设置为【透明度】选项，【模糊焦距】为 0 时图像最模糊，为 255 时，图像最清晰，如果把源设置为【图层蒙版】选项，则【模糊焦距】为 255 时图像最模糊，为 0 时图像最清晰。

【光圈】选项组用于设置观察图像时镜头的光圈数值。从【形状】下拉列表中选择一种形状，通过拖动【叶片弯度】滑块（0～100）就可以。

【镜面高光】选项组用于设置观察图像时镜头的高光。通过拖动【阈值】滑块（0～255）来选择这个截止点，以便使图像中比选定的数值亮的所有像素都被视为【镜面高光】。要增加高光的亮度，拖动【亮度】滑块（0～100）即可。

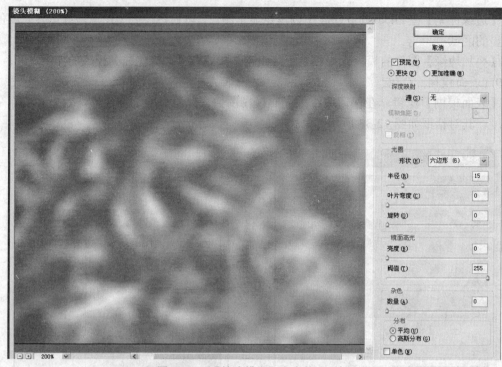

图 12-34　【镜头模糊】命令的对话框

当对图像进行模糊后，会丢失胶片颗粒和杂色。为了使图像看上去更逼真，可以重新向图像中添加杂色，以便使照片看上去像未被修饰过一样。在【杂色】选项组中可向图像中添加杂色。要在添加杂色时不影响图像中的颜色，应选择【单色】复选框。

11．高斯模糊

【高斯模糊】滤镜可利用高斯曲线的分布模式有选择地模糊图像。该滤镜的模糊程度比较强烈，可以在很大程度上对图像进行高斯处理，使图像产生难以辨认的模糊效果。该滤镜的特点是中间高，两边低，呈尖锋状，【模糊】和【进一步模糊】滤镜则对图像中所有的像素一起进行模糊处理。

【半径】用于调节和控制选区或当前处理图像的模糊程序，所设数值越大，产生模糊的效果也超强。图 12-35 所示为该滤镜的对话框。

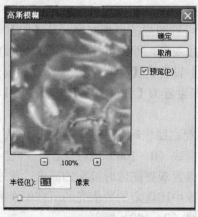

图 12-35　【高斯模糊】命令的对话框

12.3.5　素描滤镜组

素描滤镜组位于【滤镜】菜单的【素描】子菜单中。主要是通过模拟素描、速写等绘画手法来产生不同的艺术效果。该滤镜可在图像中加入底纹，从而产生三维效果。素描滤镜组中大多数的滤镜都要配合前景色和背景色使用，因此，对该滤镜效果起重要作用的是前景色和背景色。素描滤镜组中共有 14 种滤镜。下面将逐个进行介绍。

1. 便条纸

【便条纸】滤镜可以产生类似浮雕效果的凹陷压印图案，在板报风格的印刷品中经常使用。图像较暗的区域为透明的，以便使背景色显示出来。其对话框如图 12-36 所示。

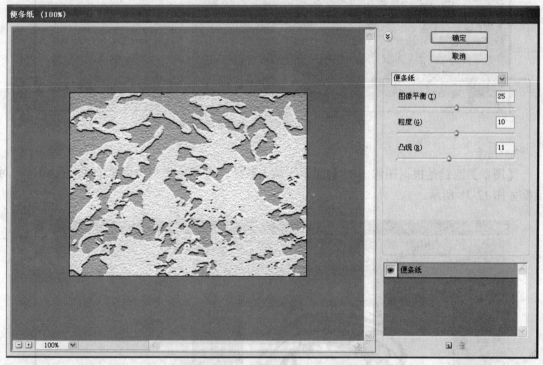

图 12-36　【便条纸】命令的对话框

【图像平衡】用于设置前景色和背景色在图像中的比例，当数值设为 0 时将显示为背景色，随着数值的增大，其图像逐渐向前景色靠近。

【粒度】用于设置图案的颗粒，控制图像的光滑度。

【凸现】用于设置图像浮雕的程序，数值越大，浮雕效果越明显。

2. 半调图案

【半调图案】滤镜可以使用前景色和背景色在当前图像中产生网状的图案效果，其对话框如图 12-37 所示。

【大小】用于设置网间的距离，取值越大则产生网格的间距也越大。

【对比度】用于设置前景色的对比度。

【图案类型】用于选择图案的类型，在其下拉列表中包括"圆形"、"网点"和"直线" 3 种图案类型。

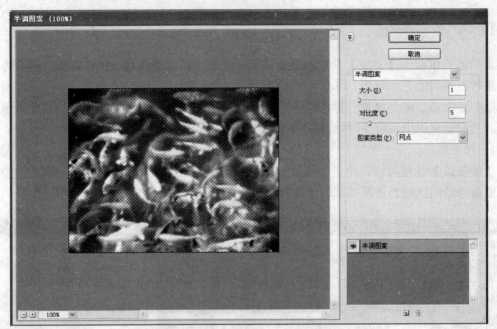

图 12-37　【半调图案】命令的对话框

3. 图章

【图章】滤镜是根据图像中的【明/暗平衡】数值来生成一种类似图章的单色图像，其对话框如图 12-38 所示。

图 12-38　【图章】命令的对话框

4. 基底凸现

【基底凸现】滤镜可以产生一种较为粗糙的浮雕效果，在图像中较暗的区域为前景色，而较亮的区域是背景色。该滤镜对话框如图 12-39 所示。

图 12-39 【基底凸现】命令的对话框

【细节】用于设置图像效果的细节，数值设置越大，越能反映出图像的原有特征。

【平滑度】数值设置得越小，图像效果越好。

【光照】下拉列表中可以选择光照的方向，共有 8 种光照方向。

5. 塑料效果

【塑料效果】滤镜可以产生一种类似塑料被融化的效果，该滤镜所使用的图像颜色为前景色。【塑料效果】滤镜对话框如图 12-40 所示。

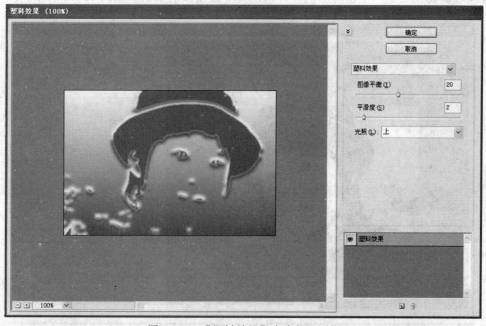

图 12-40 【塑料效果】命令的对话框

6．影印

【影印】滤镜是以前景色为基础，利用图像的明暗关系分离出一种影印轮廓的效果，如图 12-41 所示。

图 12-41　【影印】命令的对话框

【暗度】用于设置图像效果的暗色数值。当参数为最小时，图像中的前景色最少，背景色最多，图像最为模糊；当参数为最大时，图像将以前景色清晰地显现出来。

7．撕边

【撕边】滤镜可以产生在前景色和背景色交界处喷溅的效果，如图 12-42 所示。

图 12-42　【撕边】命令的对话框

【对比度】用于设置对比度，此参数设置为 1 时，图像的背景色与背景色柔和地混合在一起。

8. 水彩画纸

【水彩画纸】滤镜可以使图像产生像在潮湿的纤维纸上绘画并进行涂抹，使颜色流动并混合在一起的效果。该滤镜对话框如图 12-43 所示。

图 12-43　【水彩画纸】命令的对话框

在该滤镜对话框中，【纤维长度】用于设置纸张浸湿程度以及笔划的长度，当参数设为 3 时，图像中的浸湿程度以及笔划的长度很小，图像也会相对清晰。随着数值的增加，图像中笔划的长度会逐渐增长，图像也会渐渐模糊。

【亮度】用于设置图像的亮度，当参数设为 0 时，图像为纯黑色。

【对比度】用于设置图像的对比度。

当【亮度】设为 0 时，【对比度】设为 100 时，图像为黑色，随着【对比度】参数逐渐递减，图像也会逐渐地显现出来。

9. 炭笔

【炭笔】滤镜可以产生一种类似炭笔画的效果，所使用的炭笔颜色为前景色，其对话框如图 12-44 所示。

在该滤镜对话框中，【炭笔粗细】用于设置炭笔的宽度，数值越大，炭笔会变得非常宽厚浓重。

【细节】用于设置图像效果的细节。

【明/暗平衡】用于设置图像的明暗平衡度，即控制前景色与背景色在图像中的显示比例。

10. 炭精笔

【炭精笔】滤镜用于模拟蜡笔的效果，使用该滤镜可以在图像上模拟纯黑色和纯白色的炭精笔纹理。【炭精笔】滤镜在图像中色调较暗的区域使用前景色，较亮的区域使用背景色。为了获得更逼真的效果，可以在使用该滤镜之前将前景色改为常用炭精笔的颜色，如黑色、深褐色和血红色，如图 12-45 所示。

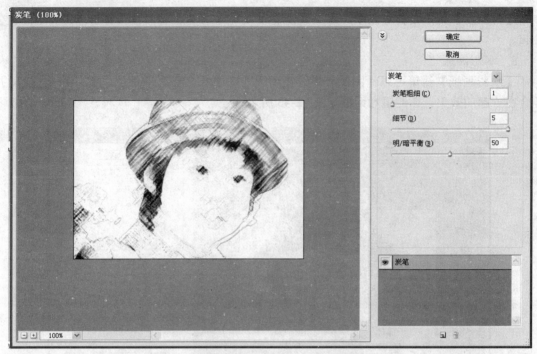

图 12-44 【炭笔】命令的对话框

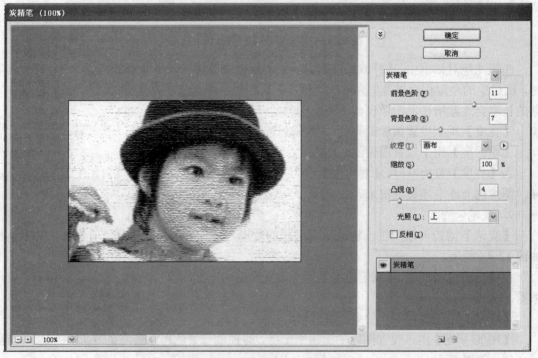

图 12-45 【炭精笔】命令的对话框

　　调整【前景色阶】可以显示前景色的层次，数值越小，图像中所显示的前景色就越少。【背景色阶】用于设置背景色在图像中的层次。

　　【纹理】用于选择图像叠加纹理的类型。

【缩放】用于设置纹理大小的缩放值。

【凸现】用于设置图像起伏的效果，数值越大，所显示出的浮雕效果越明显。

【光照】用于设置灯光照射的方向，共有 8 种方向供选择。

11. 粉笔和炭笔

【粉笔和炭笔】滤镜可以产生一种粉笔和炭笔涂抹的效果。图像中的背景用粉笔绘制（用背景色绘制），阴影区域用炭笔线条绘制（用前景色绘制）。其对话框如图 12-46 所示。

图 12-46 【粉笔和炭笔】命令的对话框

【炭笔区】用于设置炭笔区域的深浅程度。

【粉笔区】用于设置粉笔区域的深浅程度，当参数设为 0 时，图像中粉笔笔迹极少。

【描边压力】用来设置笔触的压力。

12. 绘图笔

【绘图笔】滤镜可以产生一种素描的效果，图像中的细节部分用细线状的绘图笔描出，该滤镜使用前景色作为绘图笔的颜色，使用背景色作为纸张的颜色。其对话框如图 12-47 所示。

【描边长度】用于设置笔划的长度，当数值为最小时，图像中的笔划长度最短，为点状。

【明/暗平衡】用于设置图像中亮度区域和暗度区域的比例，当参数设为 0 时，图像将全部被前景色覆盖。

【描边方向】用于选择笔划的方向。

13. 网状

【网状】滤镜可以产生一种网眼覆盖图像的效果，图像中的较暗区域呈结块状，较亮区域呈颗粒形状，其对话框如图 12-48 所示。

【浓度】用于设置网眼的密度。当【前景色阶】的参数取值较小时，图像的层次较为丰富。

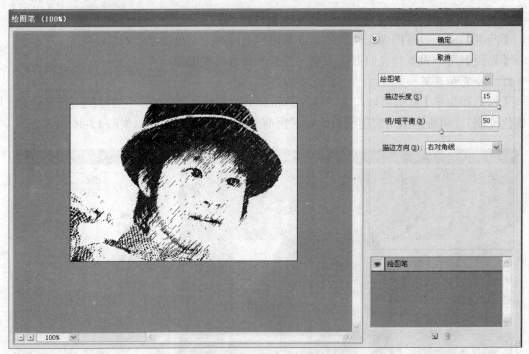

图 12-47 【绘图笔】命令的对话框

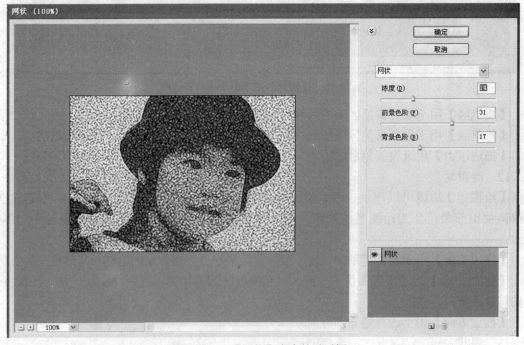

图 12-48 【网状】命令的对话框

14. 铬黄渐变

　　【铬黄渐变】滤镜可将图像处理成好像是擦亮的铬黄表面的效果（液态金属的感觉）。图像中较亮的地方在反射表面上是高点，较暗的地方为低点，其对话框如图 12-49 所示。

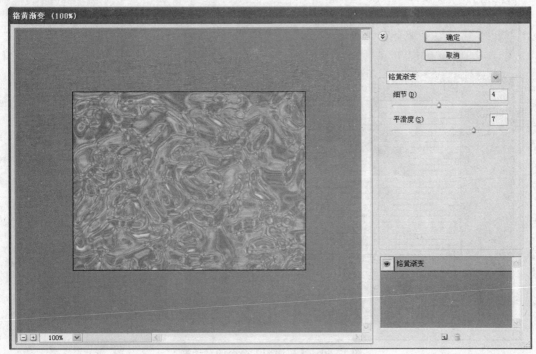

图 12-49 【铬黄渐变】命令的对话框

12.3.6 纹理滤镜组

纹理滤镜组可以使图像中各部分之间产生过渡变形的效果，其主要功能是在图像中加入各种纹理以产生效果。使用【纹理】滤镜可以使图像的表面具有深度感或者具有物质覆盖表面的感觉。纹理滤镜组位于【滤镜】菜单的【纹理】子菜单中，包括 6 种滤镜，全部都可以在滤镜库中使用。

1. 拼缀图

【拼缀图】滤镜可以将图像分解为许多拼贴块，并选取图像中的颜色填充各正方形。其对话框如图 12-50 所示。

【方形大小】用于设置图像中正方形的尺寸大小。【凸现】用于设置图像中正方形浮雕的程度，所设置数值越大，浮雕效果越明显。

2. 染色玻璃

【染色玻璃】滤镜是将图像重新绘制，用前景色勾勒出由不规则分离的彩色玻璃格子组成的效果。每个格子内的颜色是用图像中该处像素的平均值来确定的。其对话框如图 12-51 所示。

【单元格大小】用来设置图像中彩色格子的尺寸，其参数范围为 2~50，当设为 2 时，图像中的格子最小，图像相对比较清晰，随着数值增大，图像会逐渐远离本来的面貌，数值为 50 时，图像就会被一个彩色格子中的颜色代替。

【边框粗细】用于设置格子边线的宽度。因为边线所使用的颜色是前景色，所以当【边框粗细】数值设为最大时，图像将全部被前景色覆盖。

【光照强度】用于设置灯光的强度。当参数设为 0 时，图像没有任何效果，当参数设置过高时，图像中心将会变白。

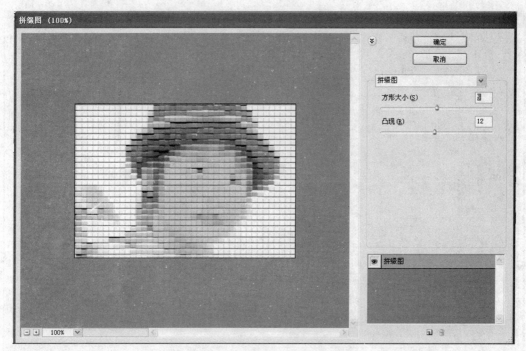

图 12-50　【拼缀图】命令的对话框

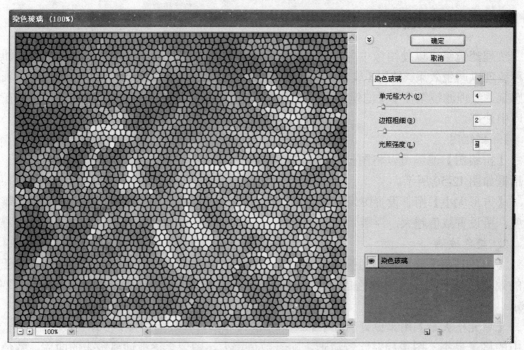

图 12-51　【染色玻璃】命令的对话框

3. 纹理化

　　【纹理化】滤镜可以为图像应用指定纹理。其对话框如图 12-52 所示。

　　【纹理】用于选择纹理的类型，其中有多种纹理类型供选择，并且可以自定义新的纹理类型。

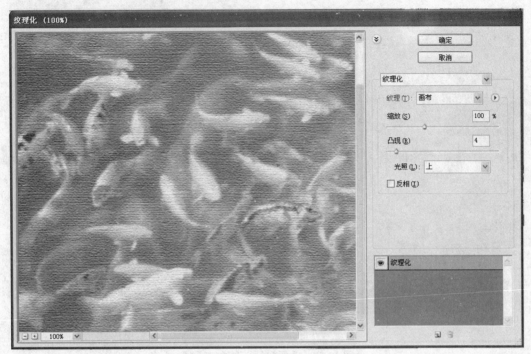

图 12-52 【纹理化】命令的对话框

【缩放】用于设置图像中纹理的大小，设置数值越大，图像中显示的纹理就越大。

【凸现】用于设置图像中纹理的强度。当数值设置为 0 时，图像中的纹理将不会显现出来，数值越大，纹理越清晰，浮雕效果越明显。

【光照】用于设置灯光的方向，共有 8 种灯光位置供选择。

【反相】用于设置图像是否反向进行转换效果。

4．颗粒

【颗粒】滤镜可通过模拟不同种类的颗粒（常规、柔和、结块、强反差、扩大、点刻、水平、垂直和斑点），在图像中随机添加纹理。其对话框如图 12-53 所示。

【强度】用于设置图像中颗粒的数量。当参数设置为 0 时，有些颗粒类型对图像不起作用（常规、柔和、喷洒）；当设置为 100 时，有些颗粒类型会使图像消失（喷洒）。

【对比度】用于设置图像中颗粒的对比度。当数值设置为 50 时，表示明和暗处于平衡状态。

【颗粒类型】用于设置图像中的颗粒类型，共有 10 种类型。

5．马赛克拼贴

【马赛克拼贴】滤镜可以产生马赛克贴壁的效果，使图像看起来像是由许多小的碎片或拼贴块组成，并在拼贴之间灌浆。【纹理】滤镜中的【马赛克拼贴】和【像素化】中的【马赛克】是两种不同的滤镜，【马赛克】滤镜是将图像分解形成各种颜色和像素块。图 12-54 所示为该滤镜的对话框。

【拼贴大小】用于设置图像中马赛克的大小。当数值设定为 2 时，图像中马赛克拼贴块为不规则的点状，随着数值增加，其拼贴块也逐渐变大。

【缝隙宽度】用于设置马赛克之间的宽度，数值越小，图像中的纹理就越密。

【加亮缝隙】用于设置马赛克的缝隙的宽度。

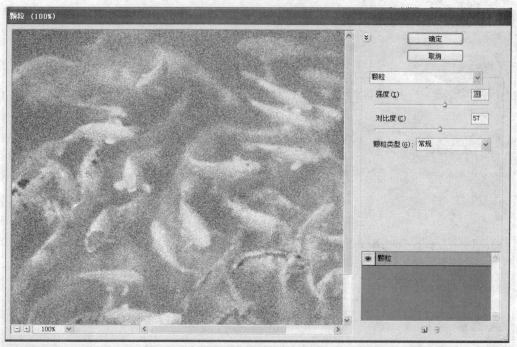

图 12-53 　【颗粒】命令的对话框

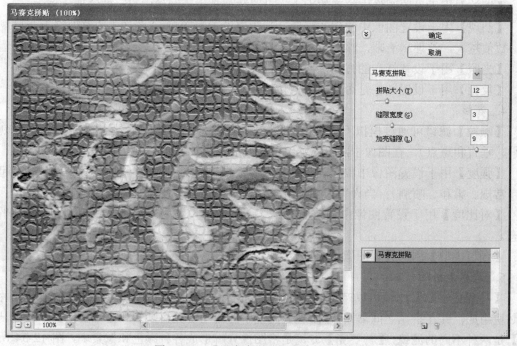

图 12-54 　【马赛克拼贴】命令的对话框

6. 龟裂缝

　　【龟裂缝】滤镜类似将图像绘制在一个高凸现的石膏表面上，以循着图像原有的纹理生成精细的网状裂缝。该滤镜能包含多种颜色值或灰度值的图像建立浮雕效果。其对话框如图 12-55 所示。

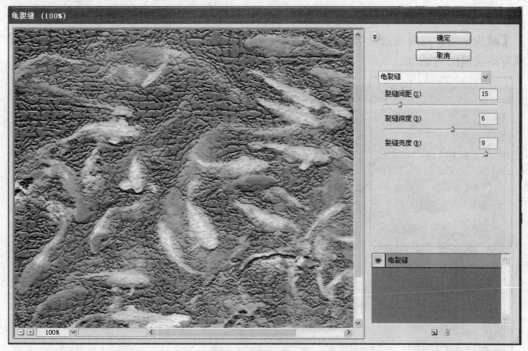

图 12-55　【龟裂缝】命令的对话框

12.3.7　杂色滤镜组

杂色滤镜组用于向图像中添加杂色，或是从图像中除去杂色，该类别滤镜命令位于【滤镜】菜单的【杂色】子菜单中，包括 5 种滤镜，全部都不可以在滤镜库中使用。下面就来介绍常用的几种滤镜命令。

1. 中间值

【中间值】滤镜通过混合图像选区中的像素亮度来减少图像的杂色。此滤镜搜索像素选区的半径范围以查找亮度相近的像素，去除与相邻像素差异较大的像素，并用搜索到的一个区域中像素的中间亮度值替换中心像素。该滤镜在消除或减少图像的动感效果时非常有用。

【半径】用于设置该滤镜中每个像素进行亮度分析的距离范围。数值越大，图像越模糊。图 12-56 所示为该滤镜的对话框。

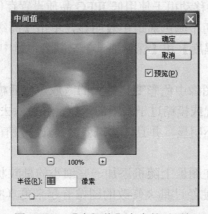

图 12-56　【中间值】命令的对话框

2. 减少杂色

【减少杂色】滤镜通过影响整个图像或各个通道，在保留边缘的同时减少杂色。图 12-57 所示为该滤镜的对话框。

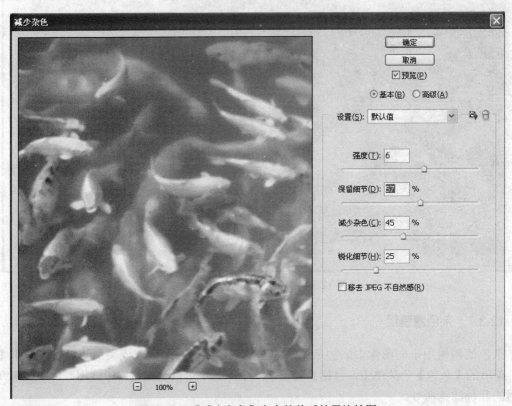

图 12-57 【减少杂色】命令的前后效果比较图

【强度】控制所有图像通道的杂色亮度减少量。

【保留细节】保留边缘和图像细节。如果值为 100，则会保留大多数图像细节，但会将杂色亮度减到最少。

【减少杂色】删除图像的颜色像素。其值越大，减少的颜色杂色越多。

【锐化细节】对图像进行锐化。

【移去 JPEG 不自然感】移动由于使用低 JPEG 品质设置存储图像而导致的斑驳图像。

如果亮度杂色在一个或两个颜色通道中较明显，单击【高级】单选按钮，从【通道】菜单中选取颜色通道。使用【强度】和【保留细节】来减少通道中的杂色。

3. 去斑

【去斑】滤镜可以寻找图像中色彩变化最大的区域，然后模糊去除那些过渡边缘的所有选区。可用该滤镜来减少干扰或模糊过于清晰的区域，并可除去扫描图像里的波纹图案。

图像使用该滤镜的效果不明显，并且【去斑】滤镜命令没有对话框。

4. 添加杂色

【添加杂色】滤镜可以在图像上随机添加一些细小的颗粒状像素。也可用来减少羽化选区或渐变填充中的色带，或使经过重大修改的图像看起来更真实。该滤镜对话框如图 12-58 所示。

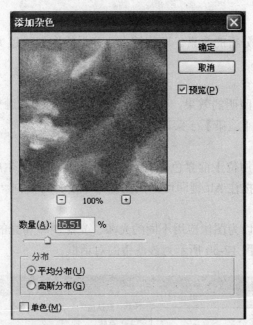

图 12-58　【添加杂色】命令的对话框

【数量】用于设置图像中颗粒状像素的数量，数值设置越大，效果越明显。

【平均分布】可以统一属性，使用随机数值分布杂色的颜色值能获得细微效果。

【高斯分布】是沿一条钟形曲线分布杂色的颜色值以获得斑点状的效果。

【单色】用于设置图像中的色调元素，而不改变颜色。

5．蒙尘与划痕

【蒙尘与划痕】滤镜可以搜索图像中的缺陷并将其带入周围的像素中。在使用该滤镜之前，应首先选择要清除缺陷的区域。图 12-59 所示为该滤镜对话框。

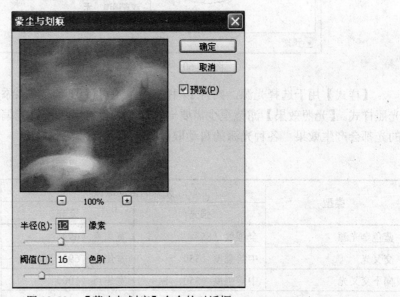

图 12-59　【蒙尘与划痕】命令的对话框

【半径】用于设置清除缺陷的范围，该滤镜在多大的范围内搜索像素间的差异取决于所设的【半径】数值。

【阈值】用于设置要分析的像素。取值越大，分析的像素就越少，图像就越清晰。

12.3.8 渲染滤镜组

渲染滤镜组可以产生照明的效果，可在图像中产生不同的光源效果和夜景效果。渲染滤镜组位于【滤镜】菜单的【渲染】子菜单中，包括 5 种滤镜。

1. 云彩

【云彩】滤镜可以使用位于前景色和背景色之间的颜色随机生成云彩状的图案，若要生成色彩较为分明的云彩，按住 Alt 键即可。该滤镜命令没有对话框。

2. 光照效果

【光照效果】滤镜可以为图像应用不同的光源、光照类型和光的特性，也可以改变基调、增加图像深度和聚光区。图 12-60 所示为该滤镜的对话框。

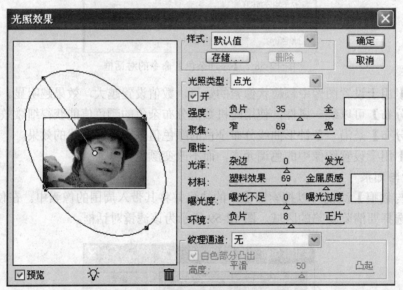

图 12-60 【光照效果】命令的对话框

【样式】用于选择光源，共有 17 种类型，也可以通过将光照添加到【存储】设置来创建光照样式。【光照效果】滤镜至少需要一个光源。该滤镜一次只能编辑一种光，但是所有添加的光都会产生效果。各种光源的自动取值如表 12-1 所示。

表 12-1

类型	光源的自动取值		点光源
	强光	交光	
蓝色全光源	全强度（85）	宽焦点（69）	高处蓝色全光源
交叉光	中等强度（35）	宽焦点（69）	白色点光
向下交叉光	中等强度（35）	宽焦点（100）	两种白色点光
默认	中等强度（35）	宽焦点（69）	白色点光
闪光	中等强度（46）	宽焦点（100）	黄色全光源

续表

类型	光源的自动取值		点光源
	强光	交光	
喷涌光	中等强度（35）	宽焦点（69）	白色点光
RGB 光	中等强度（60）	宽焦点（95）	红、蓝、绿三光
柔化全光源	中等强度（50）	宽焦点（0）	白色点光
三处下射光	中等强度（35）	宽焦点（96）	3 个白色点光
右上方点光	低等强度（17）	宽焦点（91）	黄色点光
图形光	全强度（100）	宽焦点（8）	白色点光
	全强度（100）	宽焦点（25）	绿色点光
	中等强度（50）	宽焦点（0）	红色点光
	全强度（88）	宽焦点（3）	黄色点光
五处下射光	全强度（100）	宽焦点（60）	5 个白色点光
五处上射光	全强度（100）	宽焦点（60）	5 个白色点光
平行光	全强度（98）	宽焦点（0）	蓝色平行光
柔化直接光	低等强度（20）	宽焦点（0）	白色和蓝色不聚焦平等光
柔化点光	全强度（100）	宽焦点（8）	白色点光
三处点光	中等强度（100）	宽焦点（100）	3 个白点光

　　【光照效果】用于选择灯光类型，当选择框选为开时，该类型可选。该下拉列表中共有 3 种类型。

- 　　【点光】为投射椭圆形光，用户可以在预览窗口中调节点光，通过移动 4 个框来改变焦点，扩大或减少照明区域；
- 　　【平行光】为散光，类似于日光灯的效果，通过改变圆的大小来改变灯光距离和图像距离；
- 　　【全光源】为投射一个直线方向的光线，只能改变光线方向和光源高度。

　　【强度】用于控制照明的强度，当设置值为-100 时，整个图像将被黑色覆盖；当设为+100时，其照明的亮度最强。

　　【聚焦】只有在使用【点光】时才可使用，通过扩大椭圆区内光线范围来产生细微光的效果。单击【光照类型】区域右侧的颜色框，在出现的【拾色器】对话框中可更改光照颜色。

　　在【属性】选项组中：

　　【光泽】用于决定图像的反光效果。

　　【材料】用于控制光线或光源所照射的物体是否产生更多的折射。

　　【塑料效果】反射光源颜色，【金属质感】反射屏幕上图像的颜色。

　　【曝光度】用于控制光线的明暗度。

　　【环境】可以产生光源与图像的室内混合效果，当参数设为-100 时，图像为黑色，设为+100 时，图像的光源强度为最亮。单击颜色框在出现的【拾色器】对话框中可更改环境光的颜色。

　　【纹理通道】可以将一个灰色图当作纹理图来使用。在【纹理通道】下拉列表框中可选取一个通道：图像为红色、绿色、蓝色通道或添加到该图像的任何通道。选择【白色部分凸出】

复选框将使通道的白色部分凸出表面，产生浮雕效果，取消选择则凸出黑色部分。拖动【高度】滑块可使纹理从 0（平滑）到 100（凸起）。

3．分层云彩

【分层云彩】滤镜使用随机生成的介于前景色与背景色之间的值生成云彩图案。使用该滤镜先生成云彩效果，然后用图像像素减去云彩像素值。初次使用此滤镜时，图像的某些部分被反相为云彩图案，如图 12-61 所示。应用几次后，可创建出与大理石的纹理相似的图案。

图 12-61　应用【分层云彩】命令的前后效果

4．纤维

【纤维】滤镜可以使用当前的前景色和背景色生成一种类似于纤维的效果。其对话框如图 12-62 所示。

【差异】用于控制颜色的变换方式。

【强度】用于控制纤维的强度。

单击【随机化】按钮可更改图案的外观。可多次单击该按钮，直到出现满意的图案。使用【纤维】滤镜后，原图像将被纤维替换。

5．镜头光晕

【镜头光晕】滤镜可以在图像中模拟照相时的光晕效果，可自动调节炫光的位置，如图 12-63 所示。

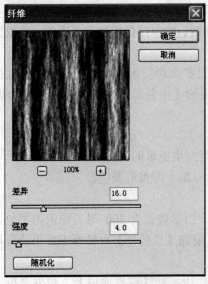

图 12-62　【纤维】命令的对话框

图 12-63　【镜头光晕】命令的对话框

【亮度】用于调节图像中十字线位置的亮度。该滤镜能通过单击图像缩览图的任意位置或拖动十字线来指定光晕中心的位置。当参数设置过高时，整个画面会变成白色。

【镜头类型】选项组用于设定摄像机镜头的类型，共有 4 种类型。

12.3.9　画笔描边滤镜组

画笔描边滤镜组可使用不同的画笔和油墨描边创造出绘画效果的外观。该滤镜组中的滤镜可向图像添加颗粒、绘画、杂色、边缘细节或纹理，以获得点状化效果。该滤镜所有的滤镜都可以通过使用【滤镜库】来应用。

1. 喷溅

【喷溅】滤镜可以使图像产生颗粒飞溅的沸水效果，类似于用喷枪喷出许多小的彩点，如图 12-64 所示。

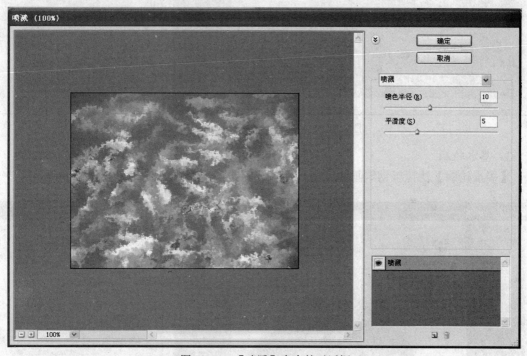

图 12-64　【喷溅】命令的对话框

【喷色半调】用于调整喷溅水花的辐射范围，当参数设为 0 时，图像不发生变化。

【平滑度】用于调整喷溅水花的程序。

当【喷色半径】设为 0 时，调整【平滑度】参数将对画面不产生任何效果。

2. 喷色描边

【喷色描边】滤镜与【喷溅】滤镜类似，也会产生飞溅的效果。该滤镜使用图像的主要颜色，用对角的、喷溅的颜色线条重新绘制图像，如图 12-65 所示。

【描边长度】用于调节笔划长度的明暗度，数值越大，笔划越长。

【喷色半径】用于控制喷溅的范围大小，当数值设为 0 时，调整【描边长度】参数对图像的影响不大，当参数设置较大时，产生的效果类似于【喷溅】滤镜。

【描边方向】用于控制画笔绘画的方向。其中包括 4 种画笔方向。

图 12-65　【喷色描边】命令的对话框

3. 墨水轮廓

【墨水轮廓】滤镜以钢笔画的风格，用纤细的线条重绘图像细节，如图 12-66 所示。

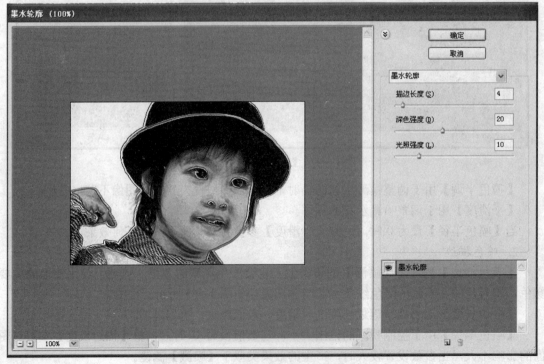

图 12-66　【墨水轮廓】命令的对话框

【深色强度】用于调节黑色轮廓的强度，参数设置最大时（50），图像中所有颜色深的区域全部变成黑色。

【光照强度】用于调节图像中较亮区域的强度，该参数设为最大时（50），图像中较亮的区域将会变得更亮。

4. 强化的边缘

【强化的边缘】滤镜用于强化颜色之间的边界。该滤镜对话框如图 12-67 所示。

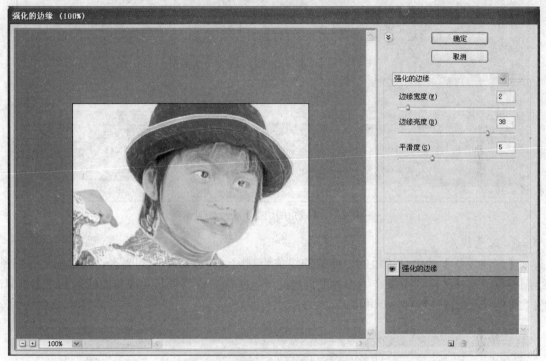

图 12-67 【强化的边缘】命令的对话框

【边缘宽度】用于调整边界的宽度，数值越大则边界越厚。

【边缘亮度】用于调整图像边界的亮度，当数值设为最大时（50），图像的边界呈现最高的饱和状态。

【平滑度】用于调整边界的平滑程度。

5. 成角的线条

【成角的线条】滤镜是使用对角线条描边重新绘制图像。用一个方向的线条绘制图像中较亮的区域，用相反方向的线条绘制出较暗的区域，如图 12-68 所示。

【方向平衡】用于控制线条倾斜的方向，设置中的线条方向从左上方到右下方倾斜；设置为 100 时，线条方向从右上方到左下方倾斜；当设置为 50 时，图像中较暗区域的线条方向是从右上方到左下方倾斜，较亮的区域线条方向是从左上方到右下方倾斜。

【描边长度】用于控制笔划的长度，数值较小时，图像较为清晰，随着数值逐渐增大，图像就会渐渐被线条代替。

【锐化程度】用于控制笔锋的尖锐程度，当参数设置为 0 时，产生的线条十分模糊；当参数设置为 10 时，线条将会十分清晰。

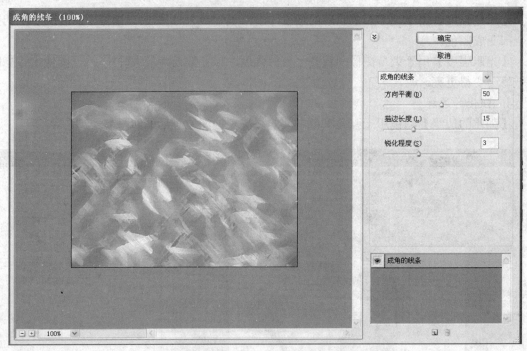

图 12-68 【成角的线条】命令的对话框

6. 深色线条

【深色线条】滤镜是用短的、绷紧的线条绘制图像中接近黑色的暗区；用长的白色线条绘制图像中的亮区，使图像产生一种很强烈的黑色阴影，该滤镜与【成角的线条】滤镜相似。图 12-69 所示为该滤镜的对话框。

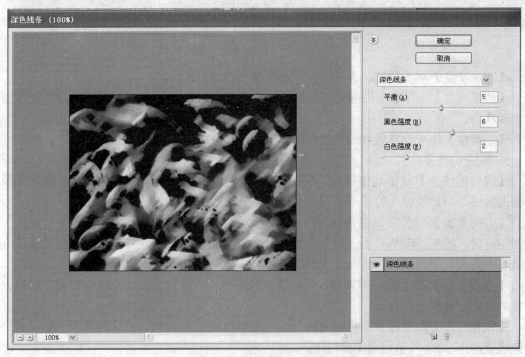

图 12-69 【深色线条】命令的对话框

【平衡】用于调整平衡笔触的着笔方向，当设置为 0 时，图像中线条的方向是从右上到左下倾斜；当设置为 10 时，线条的方向是从左上到右下倾斜；当设置为 5 时，则两种线条各占一半。

【黑色强度】和【白色强度】用于调节图像中黑色阴影和白色区域的强度。当把【黑色强度】参数设为 10 时，图像中的暗区将为黑色；当把【白色强度】参数设为 10 时，亮区将变得更亮。

7. 烟灰墨

【烟灰墨】滤镜以日本画的风格绘制，像是用蘸满黑色油墨的湿画笔在宣纸上绘画。该滤镜能做出具有非常黑的柔化模糊边缘图像的效果，如图 12-70 所示。

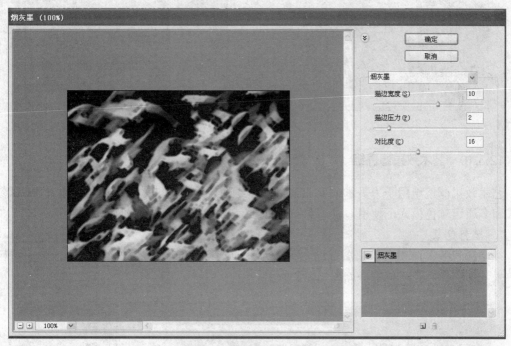

图 12-70 【烟灰墨】命令的对话框

【描边宽度】用于控制笔划的宽度，参数越低，图像越柔和光滑；参数越高，图像越层次分明，笔划越粗糙。

【描边压力】用于控制图像中产生黑色的数量。当参数为 0 时，图像既平滑又模糊；当参数设为 15 时，图像中产生大量的黑色。此选项对层次分明的图像特别有效。

【对比度】用于控制图像的对比度。设置最高时（40），将产生强烈的对比，设置最低时（0），可产生比较柔和的效果。

8. 阴影线

【阴影线】滤镜可保留原图像的细节和特征，同时使用模拟的铅笔阴影线添加纹理，并使图像中彩色区域的边缘变粗糙，如图 12-71 所示。

【描边长度】用于调节图像中交叉笔线的长度，当参数设置大于 6 时，图像中可显示相互交叉的十字网线。

【锐化程度】用于调节交叉网线的锐化程度，此参数在设置时将受【强度】参数的影响。

【强度】用于调节交叉网线的力度感。

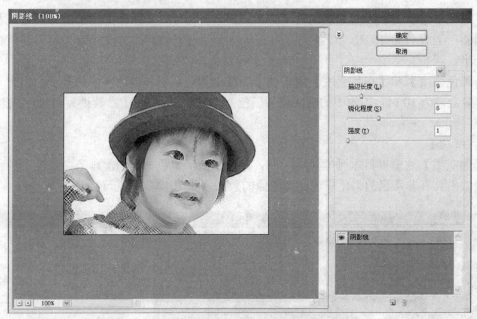

图 12-71　【阴影线】命令的对话框

12.3.10　艺术效果滤镜组

艺术效果滤镜组用于为美术或商业项目制作绘画效果或特殊效果。该滤镜组在 RGB 颜色模式和多通道颜色模式下使用，其子菜单中的所有滤镜都可在【滤镜库】中找到。

1. 塑料包装

【塑料包装】滤镜可以使图像涂上一层光亮的塑料，以产生一种表面质感很强的塑料包装效果，使图像具有立体感，如图 12-72 所示。

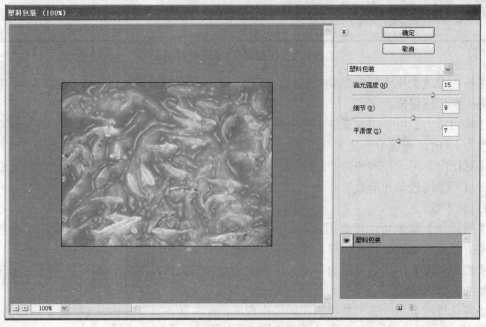

图 12-72　【塑料包装】命令的对话框

【高光强度】用于调节塑料包装效果中高亮点的效果，数值越大，图像反射光越强烈。

【细节】用于调节图像效果细节的复杂程度，当【高光强度】设为 0 时，无论如何调整【细节】的参数，图像不会发生变化。

【平滑度】用于调整产生塑料包装效果的光滑度，当参数设为最小时（1），图像产生的效果最弱；反之，当参数设为最大时（15），塑料效果会遮住整个图像。只有将以上 3 个参数搭配好，图像才能产生比较理想的效果。

2．壁画

【壁画】滤镜是使用短而圆的、粗略轻涂的小块颜料，以一种粗糙的风格绘制图像，如图 12-73 所示。

图 12-73　【壁画】命令的对话框

【画笔大小】用于模拟笔刷的大小，参数大小和画笔的大小成正比。

【画笔细节】用于调节画笔笔触的细致程度，其参数决定了从处理效果中捕获的细微层次的数量。

【纹理】用于调节壁画效果的颜色过渡变形值。当参数设为 1 时，产生光滑的图像效果；当设置为 3 时，处理的图像中含有许多微小色块，即像素斑点。

3．干画笔

【干画笔】滤镜通过将图像的颜色范围降到普通颜色范围来简化图像，从而产生一种不饱和、不湿润的油画效果，如图 12-74 所示。

4．底纹效果

【底纹效果】滤镜用于模拟在带纹理的背景上绘制图像的效果。图 12-75 所示为该滤镜的对话框。

图 12-74 【干画笔】命令的对话框

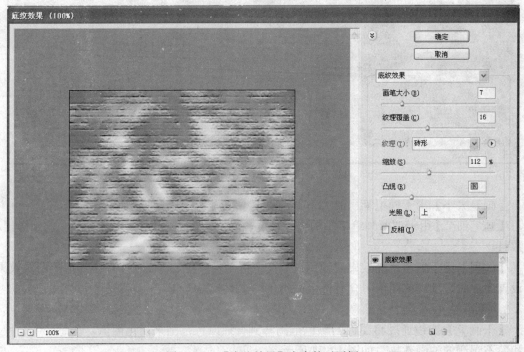

图 12-75 【底纹效果】命令的对话框

　　【纹理覆盖】用于控制纹理覆盖的范围。数值越小，纹理覆盖面积越小，反之则越大。
在【纹理】选项的下拉菜单中，有 4 种纹理供选择。

　　【缩放】选项用于控制选择纹理的缩放比例。

　　【凸现】选项用于控制纹理的起伏程度，即图像的立体感。数值设为最大时，图像的立体感为最强。

【光照】选项用于调节光线照射的方向，光线的照射方向不同，其图像的纹理也就不同。

5. 彩色铅笔

【彩色铅笔】滤镜使用彩色铅笔在纯色背景上绘制图像。该滤镜保留重要边缘，外观呈现出比较粗糙的阴影线，其纯色背景透过比较平滑的区域显示出来，如图 12-76 所示。

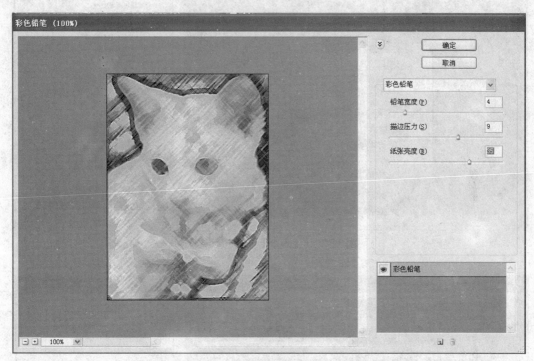

图 12-76 【彩色铅笔】命令的对话框

【铅笔宽度】用于调节铅笔笔划的宽度和密度。当数值设为 1 时，图像几乎是彩色，只显示少量的背景色；当参数设为 24 时，图像将变成粗糙的背景色画面，其大小与原图像相等。

【描边压力】用于设定铅笔笔划的压力，控制图像中的明暗度，当参数设为最小时（0），图像将会被背景色覆盖，从而使图像变为黑色（当【纸张宽度】设为 0 时），或者灰色（当【纸张亮度】设为 25 时），或者白色（当【纸张亮度】设为 50 时）。

6. 木刻

【木刻】滤镜可将图像描绘成好像是由边缘粗糙的彩色纸片组成的。高对比度的图像看起来呈剪影状，而彩色图像看上去是由几层彩纸组成的，如图 12-77 所示。

【色阶数】用于设置纸面上色度的层次，当参数设为最低时，该滤镜命令能从图像中找出两个级别的颜色数量，并显示出来。

【边缘简化度】用于设置边缘简化的尺度，如果将数设得太高，图像就会失去本来的面目。

【边缘逼真度】用于调节产生痕迹的精确程度，如果【边缘简化度】设置为 0 时，则该参数对图像没有影响；设置为 5 以上时，图像边缘的形状将发生比较大的变化。

7. 水彩

【水彩】滤镜是以水彩的风格来绘制图像的。使用该滤镜可简化图像细节，并且是用蘸了水和颜色的中号画笔绘制的，如图 12-78 所示。

图 12-77　【木刻】命令的对话框

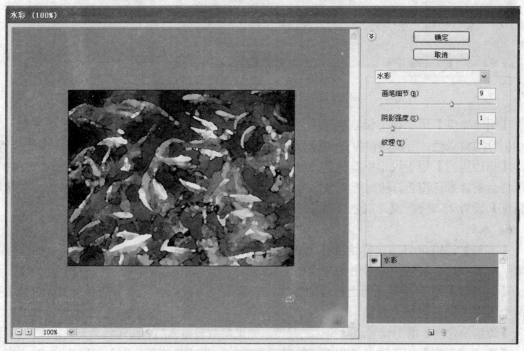

图 12-78　【水彩】命令的对话框

　　【画笔细节】用于设定水彩画笔的细腻程度，当参数设得过低时，图像被处理的结果如同喷溅的水花一样；当参数设为最高时，图像就会产生细微的层次感。

　　【阴影强度】用于调节图像中水彩阴影的强度，参数设得越高，图像中黑色阴影的面积就越大。

【纹理】用于调整水彩的材质肌理。

8．海报边缘

【海报边缘】滤镜可以使图片产生海报招贴画的感觉。该滤镜根据设置的【海报化】来减少图像中的颜色数量并查找图像的边缘，在边缘上绘制出黑色线条。图像中大而宽的区域有简单的阴影，而细小的深色细节遍布图像。图 12-79 所示为该滤镜的对话框。

图 12-79　【海报边缘】命令的对话框

【边缘厚度】用于调节图像边界的黑色数值宽度，参数越小，图像处理的效果就越不明显。

【边缘强度】用于控制边界的可视程度，当参数设为最大时，图像会显示出更多的明显的边缘。

【海报化】用于控制颜色在图片上的渲染效果，当参数设为 0 时，效果最为简单；数值越增加，则效果就越明显。

9．海绵

【海绵】滤镜使用颜色对比强烈、纹理较重的区域来创建图像，使图像产生好像是用海绵绘制出来的效果，如图 12-80 所示。

【清晰度】用于调节图像的清晰程度，该参数设为最大时（25），颜色最深。

【平滑度】用于调整图像的光滑程度，当参数设为最大时，所产生海绵边缘的锯齿最小，处理后的图像最平滑；相反，数值减小，海绵边缘的锯齿逐渐增多，处理后的图像越粗糙。

10．涂抹棒

【涂抹棒】滤镜用于模仿用粉笔和蜡笔在纸上涂抹出的效果。该滤镜使用短的对角线来涂抹图像较暗的区域以柔化图像，使图像中的亮区变得更亮，以致失去了细节。图 12-81 所示为该滤镜的对话框。

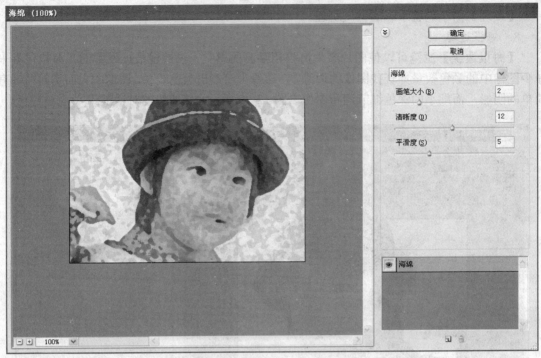

图 12-80 【海绵】命令的对话框

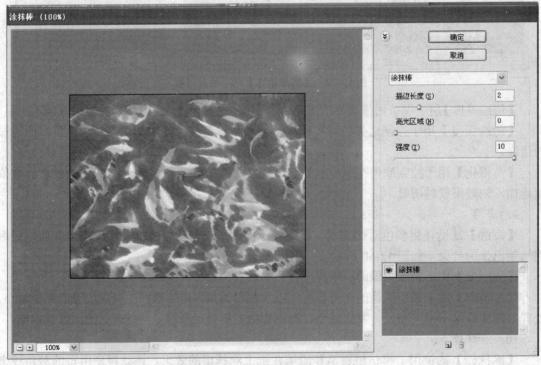

图 12-81 【涂抹棒】命令的对话框

　　【描边长度】用于控制笔划的长度，数值越大，图像中涂抹的线条越长，被处理图像中颜色的暗调就会变亮。

【高光区域】用于调整高光区域的面积，当参数设为 0 时，图像不会发生变化；当参数设为最大时，图像中亮度较强的部分会更亮，带动其他区域也相应变亮。

【强度】用于设置涂抹的强度。此数值设得越大，产生的涂抹强度就越大，其反差效果越明显；相反，取值越小，产生的效果越不明显。

11. 粗糙蜡笔

【粗糙蜡笔】滤镜用于模拟彩色粉笔在纹理背景上描边的效果。在图像中较亮的区域，蜡笔看上去很厚，几乎看不见纹理；而在较暗的区域中，蜡笔似乎是被擦去了，使纹理显露出来，如图 12-82 所示。

图 12-82　【粗糙蜡笔】命令的对话框

该滤镜的对话框类似于【底纹效果】滤镜。

【描边细节】用于调整画笔的细腻程度。当【描边长度】的数值设为 40，【描边细节】参数设为 1 时，则蜡笔划过的线条不明显，反之则非常明显。【纹理】的参数直接影响图像处理的最终效果，其下拉列表中的选项有多种，用户也可以选择【载入纹理】选项。

【缩放】用于调整覆盖纹理的缩放比例。

【凸现】用于调整覆盖纹理的深度，其参数的大小和凸现程度成正比。

【光照】用于设定灯光照射的方向，在其下拉列表中有多种光照方向供选择。

【反相】用于调整纹理是否以反相处理。

12. 绘画涂抹

【绘画涂抹】滤镜可以使画面产生涂抹的模糊效果，如图 12-83 所示。

【锐化程度】用于调节图像的对比度。

【画笔大小】的参数设为最大时，调整【锐化程度】的参数对图像没有影响。

【画笔类型】用于选择画笔的类型，以便对图像进行变换。

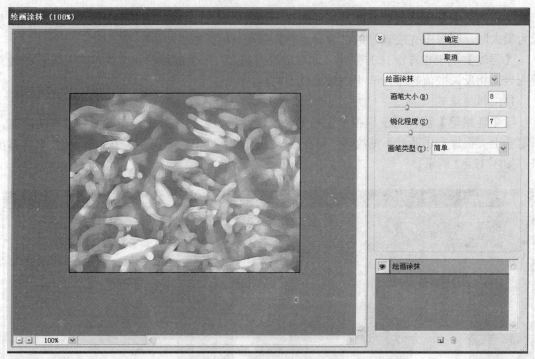

图 12-83　【绘画涂抹】命令的对话框

13. 胶片颗粒

【胶片颗料】滤镜可以使画面产生一种胶片颗粒的效果，通过向图像中的高光区和暗调区增加噪波来确定图像局部调亮的范围和程度。图 12-84 所示为该滤镜的对话框。

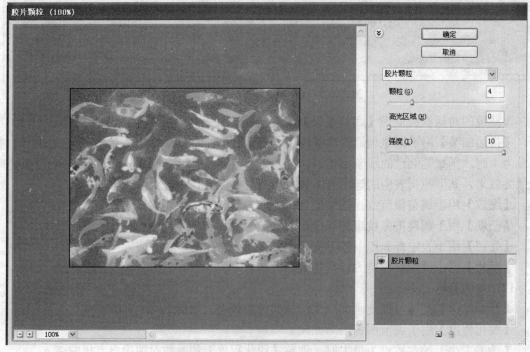

图 12-84　【胶片颗粒】命令的对话框

【颗粒】用于调节颗粒纹理的密度，其参数越大，图像中的颗粒就越多。

【高光区域】用于设置高亮度区域的面积大小，其参数越大，图像中的亮区就越大。

【强度】用于控制图形局部亮度的程度，当参数设为 0 时，对图像没有任何效果。

14. 调色刀

【调色刀】滤镜通过减少图像中的细节以产生描绘得很淡的画面效果，使整个图像的暗调区域变得更黑，如图 12-85 所示。

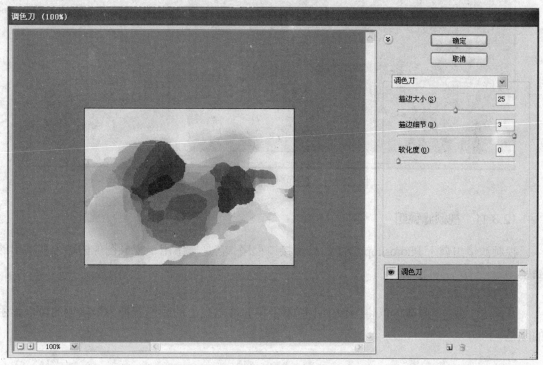

图 12-85 【调色刀】命令的对话框

【描边大小】用于调节笔划范围的大小，当参数为 1 时，图像没有变化，数值增加，图像会逐渐失去所有颜色层次，使原图像变得面目全非。

【描边细节】用于控制颜色细节的相近程度。

【软化度】用于调节图像边界的柔化度，当参数设为 0 时，图像边缘呈锯齿状。

15. 霓虹灯光

【霓虹灯光】滤镜可以使图像呈现出霓虹灯般的发光效果。该滤镜将各种类型的发光添加到图像的对象上，使图像产生一种奇特的效果，如图 12-86 所示。

【发光大小】用于调节光的照射范围，当参数设为负值时，图像中对象的外边轮廓向外反光；当参数设为正值时，图像中对象本身发光。

【发光亮度】用于调节光的亮度值，当参数设为 0 时，图像将全部被前景色覆盖。

【发光颜色】用于设置光的颜色。单击颜色框，可在【拾色器】对话框中更改颜色。

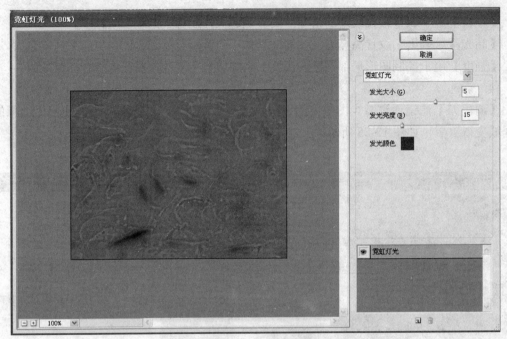

图 12-86 【霓虹灯光】命令的对话框

12.3.11 视频滤镜组

视频滤镜组属于 Photoshop CS2 的外部接口程序。它是一组用于视频图像的输入和输出的滤镜。

1. NTSC 颜色

【NTSC 颜色】滤镜可以将图像中不能显示在普通电视上的颜色置换为最接近的可以显示的颜色。

2. 逐行

【逐行】滤镜可以将视频图像中的奇数或偶数行线移除，使从视频捕捉的图像变得平滑。可以在该滤镜对话框中通过复制或插入法来替换想扔掉的线条。

【消除】选项组用于选择奇偶场。【创建新场方式】选项组用于确定清除线条的方式，在该选项组下有两个单选按钮：【复制】单选按钮为使用复制方法取代线条，【插值】单选按钮为使用插值法取代线条。

12.3.12 锐化滤镜组

锐化滤镜组可以通过生成更大的对比度使图像清晰化和增强处理图像的轮廓。此滤镜组通过增加相邻像素的对比度来聚集模糊的图像。

1. USM 锐化

【USM 锐化】滤镜可以产生边缘轮廓锐化的效果。【USM 锐化】滤镜在处理过程中使用晕开遮板，图 12-87 所示为【USM 锐化】对话框。

2. 智能锐化

【智能锐化】滤镜可以设置锐化算法，或控制在阴影和高光区域中产生锐化效果，如图 12-88 所示。

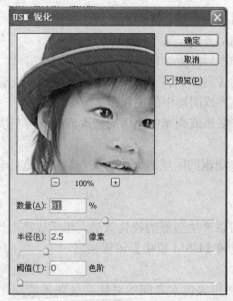

图 12-87　【USM 锐化】命令的对话框

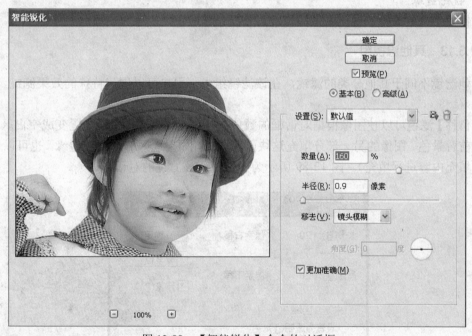

图 12-88　【智能锐化】命令的对话框

【数量】用于控制边缘锐化强度的大小，参数越大产生的边缘锐化强度越大，相反则越小。

【半径】用于控制边缘锐化的宽度，其值越大，受影响的边缘就越宽，锐化的效果也就越明显。

【移去】对图像设置进行锐化的锐化算法。

- 【高斯模糊】是参照【USM 锐化】滤镜的计算方法。

- 【镜头模糊】针对图像的边缘和细节进行计算，可对细节进行更精细的锐化，并减少锐化光晕。

- 【动感模糊】针对模糊效果计算，从而产生锐化效果。

【角度】为图像设置运动方向。

勾选【更加准确】复选框后可更加精确地移去模糊。

【高级】选项中，使用【阴影】和【高光】选项卡来调整较暗和较亮区域的图像。

【渐隐量】用于调整高光或阴影中的锐化量。

【色调宽度】用于控制阴影或高光中色调的修改范围，向左移动滑块会减小【色调宽度】值，向右移动会增加该值。

【半径】用于控制像素周围的区域的大小，向左移动会选择较小的区域，向右移动会选择较大的区域。

3. 进一锐化

【进一步锐化】滤镜可以产生强烈的锐化效果，用于提高对比度和清晰度，此滤镜处理图像的效果比【锐化】滤镜和【USM 锐化】滤镜强烈。

4. 锐化

【锐化】滤镜通过增加相邻像素之间的对比，使图像清晰化。该滤镜的锐化程度较为轻微。

5. 锐化边缘

【锐化边缘】滤镜仅锐化图像的轮廓，使颜色和颜色之间分界明显。

12.3.13　其他滤镜组

其他滤镜不同于其他分类的滤镜，在该滤镜组中，用户可以创建特殊的效果滤镜。

1. 位移

【位移】滤镜可以使图像根据对话框的数值进行移动，而选区的原位置变成空白区域（可以用当前背景色、图像的另一部分填充这块区域，或者如果选区靠近图像边缘，也可以使用所选择的填充内容进行填充）。图 12-89 所示为图像使用该滤镜的对话框。

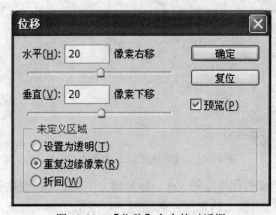

图 12-89　【位移】命令的对话框

【水平】用于调节图像的左右位移量，当参数设为负值时，图像向左移动；设为正值时，图像向右移动。

【垂直】用于调节图像的上下位移量，当参数设为负值时，图像向上偏移；反之则图像向下偏移。

【未定义区域】选项组用于设置未定义的区域。

2.　最大值

【最大值】滤镜可以用指定半径范围内像素的最大亮度替换当前像素的亮度值，从而扩大高光区域，如图 12-90 所示。

【半径】用于控制滤镜选区较亮区域的观察距离，其参数越大，图像越模糊。当参数设为最大时，图像将被白色覆盖。

3.　最小值

【最小值】滤镜可以用指定半径范围内像素的最小亮度值替换当前像素的亮度值，从而缩小高光区域，扩大暗调区域，如图 12-91 所示。

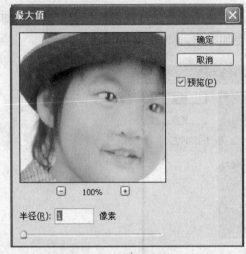

图 12-90　【最大值】命令的对话框　　　　图 12-91　【最小值】命令的对话框

【半径】用于控制滤镜吸取较暗像素的观察距离，当数值设为最大时，图像将被黑色覆盖。

4.　自定

【自定】滤镜使用户可以自己创建过滤器，可以使用该滤镜修改蒙版，在图像中使选区发生位移和快速调整颜色。【自定】滤镜对话框如图 12-92 所示。

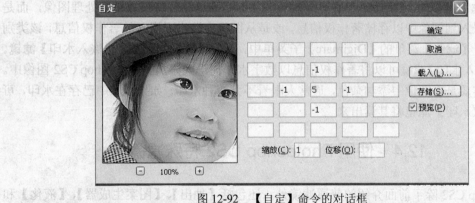

图 12-92　【自定】命令的对话框

用户可控制所有要被筛选的像素的亮度值。每一个被计算的像素由对话框中文本字段中心的字段来表示。输入的数字表示 Photoshop CS2 将要增加当前像素亮度的倍数。在中心字段周围的字段中输入值，可以控制临近的像素与中心字段像素之间的亮度关系，Photoshop CS2 将把临近像素的亮度值和该输入值相乘。此外，在自定义默认的对话框中，中心像素的左临近像素的亮度值为原数值乘以-1。可以在【缩放】文本框中，输入亮度总数值的除数数值，在【位移】文本框中，输入一个数值，加到缩放比例计算结果上，作为抵消结果。在滤镜运行时，Photoshop CS2 重新计算图像或选择区域内的每一个像素亮度值，与对话框矩阵内输入数据相乘结果的亮度相加，然后除以缩放比例的数值，再与位移的数值相加。用户可以根据色差原理和经验自行创建属于自己风格的效果并可进行存储。【存储】按钮用来存储滤镜。【载入】按钮用来载入用户自己设定的滤镜。

5．高反差保留

【高反差保留】滤镜可以删除图像中亮度逐渐变化的部分，并保留色彩变化最大的部分，该滤镜可以使图像中的阴影消失，而亮点部分则更加突出，如图 12-93 所示。

图 12-93　【高反差保留】命令的对话框

【半径】用于定义像素周围的距离，以供高反差保留分析处理。

12.3.14　Digimarc 滤镜组

与其他滤镜组不同，Digimarc 滤镜组的功能并不是通过某种特技效果来处理图像，而是将数字水印嵌入到图像中以存储著作权信息，或是从图像中读出已嵌入的著作权信息，该类别滤镜命令位于【滤镜】菜单的【Digimarc】子菜单中，包括【读取水印】和【嵌入水印】滤镜。

使用【嵌入水印】滤镜可以将著作权信息以数字水印的形式添加到 Photoshop CS2 图像中。数字水印的实质是在图像中添加杂色，通常人眼看不到这种水印。如果图像中已存在水印，可以通过【读取水印】滤镜将其读出来。

12.4　使用 Photoshop CS2 特殊滤镜

Photoshop CS2 除了前面介绍的普通滤镜外，还包括【抽出】、【图案生成器】、【液化】和【消失点】4 种特殊滤镜。具体讲解如下：

1. 抽出

【抽出】命令与工具箱中的 ![bg] （背景橡皮擦工具）类似，都可以将图层中的背景删除，保留需要的图像主体。具体操作步骤如下：

（1）打开"宝宝.jpg"文件，如图 12-94 所示。

图 12-94　宝宝.jpg

（2）执行菜单中的【滤镜】|【抽出】命令，在弹出的【抽出】对话框中，选择左侧的 ![pen]（边缘高光器工具），在预览图中沿着宝宝的边缘拖动鼠标绘制，使绘制出的线条正好覆盖宝宝与背景的边缘，如图 12-95 所示。

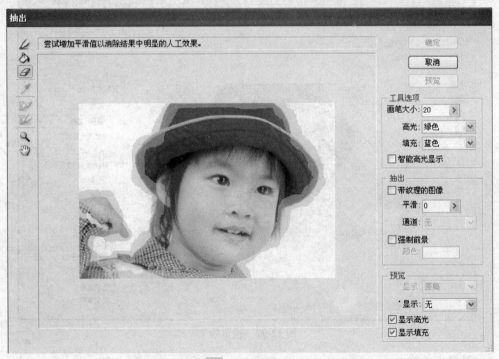

图 12-95　利用 ![pen]（边缘高光器工具）进行绘制

（3）选择左侧的 ![fill]（填充工具），对绘制出的闭合区域进行填充，结果如图 12-96 所示。

（4）单击【预览】按钮，即可预览擦除效果，如图 12-97 所示。

（5）单击【确定】按钮，完成【抽出】操作。

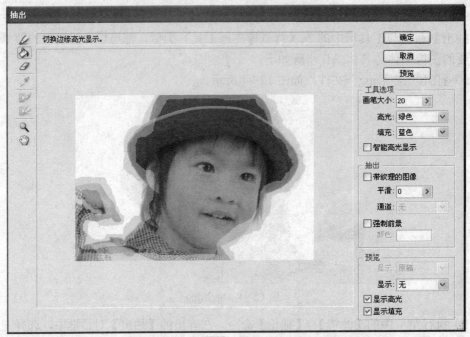

图 12-96　利用 (填充工具) 进行填充

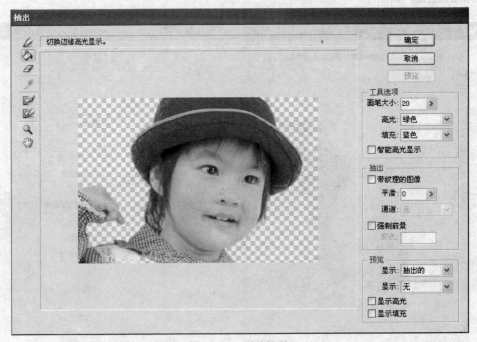

图 12-97　预览效果

2. 图案生成器

【图案生成器】的作用是根据指定的图像生成图案, 具体操作步骤如下:

(1) 打开 "鱼.jpg" 文件。

(2) 执行菜单中的【滤镜】|【图案生成器】命令, 在弹出的【图案生成器】对话框中, 选择左侧的 (矩形选框工具), 框选出用于生成图案的区域, 如图 12-98 所示。

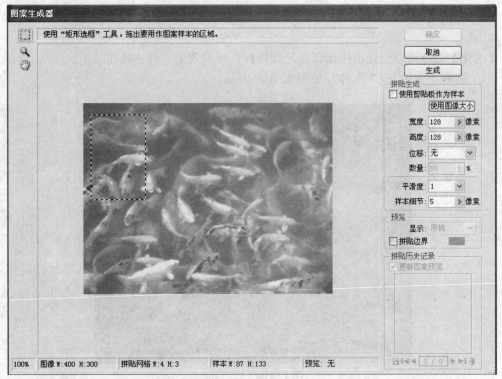

图 12-98　利用 ⬚（矩形选框工具）框选出用于生成图案的区域

（3）单击【生成】按钮，即可在预览图中看到生成的图案，如图 12-99 所示。

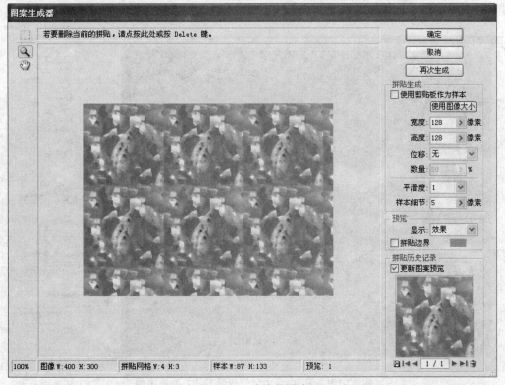

图 12-99　生成的图案

（4）单击【确定】按钮，完成【图案生成器】操作。

3．液化

【液化】命令可以创建出图像弯曲、旋转和变形的效果。具体操作如下：

（1）打开"雪山.jpg"文件，如图 12-100 所示。

图 12-100　雪山.jpg

　　（2）执行菜单中的【滤镜】|【液化】命令，在弹出的【液化】对话框中选择左侧的 🖐（向前变形工具），设置【画笔大小】和【画笔压力】，接着移动鼠标指针到预览框的图像上拖动，就可以对图像进行变形处理了，结果如图 12-101 所示。

图 12-101　利用 🖐（向前变形工具）处理图像

提示：还可根据需要选择▣（顺时针旋转扭曲工具）、▣（褶皱工具）、◇（膨胀工具）、
▣（左推工具）、▣（镜像工具）、▣（喘流）工具进行变形处理。

（3）单击【确定】按钮，完成【液化】操作。

4．消失点

利用【消失点】滤镜命令可以在包含透视平面的图像中对图像进行透视校正编辑。当使
用消失点来修饰、添加或移动图像中的内容时，图像将显示得更加逼真。

第 13 章　使用自动化功能

使用【动作】命令，说白了就是进行操作步骤的编程，从而使得对图像的操作自动化。用户在使用 Photoshop 进行图像编辑的时候，可能也感觉到了，有时候只是在重复操作一些步骤，如果能够把这些操作用一个命令表示出来，就可以节省很多时间，提高工作效率。本章将帮助用户实现这样的一个愿望。

13.1　动作功能简介

熟悉编程的读者应该比较清楚各种语言中子函数的功能，而熟悉 Windows 软件的读者应该比较清楚软件的宏功能。动作功能就与上述两种功能的作用相似，如果读者对上述两种功能也不熟悉，请不要着急，其实动作功能很好理解。例如，如果想将一万幅 RGB 图像全部转化成为灰度图像，大家清楚将一幅图像转化成一幅灰度图像，需要经过打开、转化、保存和关闭四步操作，那么一万幅就需要 4 万步操作。然而，使用了动作功能进行【批处理】，只需执行一步操作，计算机就会自动地打开、转化、保存和关闭，不用等太长时间，一幅一幅的图像就会全部转换完毕。不知道大家是否已经有了对动作功能的感性认识，其实动作的自动化功能是非常强大的。它可以将常用的编辑功能录制成为一个动作，然后进行反复使用；它可以将多个滤镜录制成为一个动作，然后执行【动作】这一命令就可以将多个滤镜的操作由计算机逐一完成；它还可以利用【批处理】功能将使用同一操作的大批量的文件的操作交给计算机自动处理，这将大大地提高工作效率。

13.2　动作面板的使用

使用【动作】面板可以记录、播放、编辑和删除动作，也可以存储、载入和替换动作命令。

如果在 Photoshop 界面上没有【动作】面板，执行【窗口】|【显示动作】命令或按 F9 键，就可以显示该面板，如图 13-1 所示。

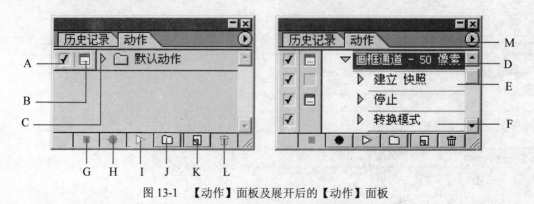

图 13-1　【动作】面板及展开后的【动作】面板

　　A．切换开关：当按钮显示【√】时，可以切换某一个动作或命令是否执行；当按钮没有显示【√】时，则该文件夹中的所有动作都不能执行；当按钮显示的【√】为红色时，则该文件夹中的部分动作或命令不能执行。

　　B．暂停显示：当按钮显示【▣】图标时，在执行动作的过程中，会在弹出对话框时暂停，等单击【好】按钮后才能继续；当按钮没有显示【▣】图标时，Photoshop 会按动作中的设定逐一执行下去，直到动作执行完成；当按钮显示的【▣】图标为红色时，表示文件夹中只有部分动作或命令设置了暂停操作。

　　C．展开动作按钮：单击此按钮可以展开文件夹中的所有动作。

　　D．文件夹名称：显示当前文件夹的名称。文件夹里面是一个动作的集合，它包含了很多个动作，默认设置下为一个【默认动作】文件夹。

　　E．动作（动作）：显示当前的一个动作的名称。

　　F．录制的命令：显示当前一步命令的名称，单击其左边的小三角图标，可以显示出一些具体的设置参数。

　　G．停止录制按钮：单击该按钮可以停止当前的录制操作，此按钮只有在录制动作按钮被按下时才可以使用。

　　H．录制动作按钮：单击此按钮可以录制一个新的动作，当处于录制过程中时该按钮为红色。

　　I．执行动作按钮：单击此按钮可以执行当前选定的动作。

　　J．新建文件夹按钮：单击此按钮可以新建一个文件夹，以便用来存放一些新的动作。

　　K．新建动作按钮：单击此按钮可以建立一个新的动作，新建的动作将出现在当前选定的文件夹中。

　　L．删除动作按钮：单击此按钮可以将当前选定的动作或文件夹删除。

　　M．面板菜单按钮：单击此按钮可以打开【动作】面板菜单，执行面板菜单中的命令可以实现【动作】的各种功能，包括面板中的按钮功能，如图 13-2 所示。

　　面板菜单中的命令根据功能的不同分为 6 个选区，下面是分选区对面板菜单中各项命令的解释。

　　第 1 选区：【新建动作】、【新建组】、【复制】、【删除】、【播放】。

　　第 2 选区：【开始记录】、【再次记录】、【插入菜单项目】、【插入停止】、【插入路径】。

　　第 3 选区：【动作选项】、【回放选项】。

　　第 4 选区：【清除全部动作】、【复位动作】（执行了该命令后将重新设置为 Photoshop 的默认状态）、【载入动作】、【替换动作】、【存储动作】。

　　第 5 选区：【按钮模式】命令。单击此按钮后，【动作】面板中的各个动作将以按钮模式显示，如图 13-3 所示。此时，面板只显示以动作的名称为主的按钮，这样可以方便用户使用动作的功能，只要单击一下需要执行的动作的按钮便可以执行它的功能了。不过，在此模式下，不能进行录制、删除和修改动作等操作。

停放到调板窗
按钮模式

新建动作…
新建组…
复制
删除
播放

开始记录
再次记录…
插入菜单项目…
插入停止…
插入路径

动作选项…
回放选项…

清除全部动作
复位动作…
载入动作…
替换动作…
存储动作…

动作样本
命令
图像效果
处理
文字效果
画框
纹理
视频动作

图 13-2　【动作】面板菜单

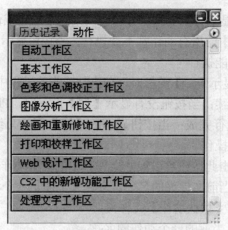

图 13-3　【动作】面板的按钮模式

第 6 选区：显示 Photoshop CS2 中已经存在的动作文件夹名称。选择其中任意一个文件夹名，就可以在【动作】面板中显示出该文件夹，这样为用户使用各个动作文件夹以及执行各个动作命令带来了很大的方便。

13.3　创建和使用动作

创建动作时，Photoshop 将按照使用命令和工具（包含所有指定的数值）的顺序记录它们。本节将详细介绍动作的录制、编辑和执行的操作步骤。

13.3.1　创建新动作

在创建一个新的动作之前，大家应了解以下准则：并非全部的命令都能被录制成为动作，例如，绘画和色调工具、视图命令、工具选项以及预置等都不能被录制。不过，可以在动作执行过程中执行不能录制的命令，这一点将在后面介绍。

渐变、选框、剪裁、套索、直线、移动、魔棒、文字工具、色彩填充，以及路径、通道、图层、历史面板等可以被录制成为动作。

下面详细介绍如何创建一个新动作。

（1）单击【动作】面板中的【新建文件夹】按钮或执行面板菜单中的【新建组】命令，将弹出【新序列】对话框，如图 13-4 所示。在【名称】文本框中可以设定新建文件夹的名称，单击【好】按钮后，面板中就会多了一个新的文件夹。建立该文件夹之后便可以和 Photoshop 自带的动作相区分。若要更改新建文件夹的名称，双击该文件夹名称便可以修改了。

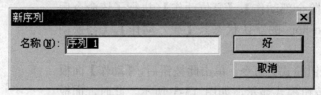

图 13-4　【新序列】对话框

（2）打开一个图像，以便在以下操作步骤中进行动作录制。

（3）执行【动作】面板菜单中的【新建动作】命令，弹出如图 13-5 所示的对话框。

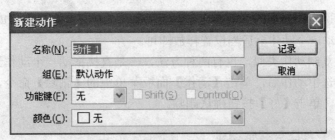

图 13-5　【新建动作】对话框

（4）在【新建动作】对话框中可以进行各种设置，其设置的各项参数功能如下：

● 　名称：用于设置新动作的名称。

● 　组：显示【动作】面板中的所有文件夹，打开下拉菜单就可以选择。如果在打开对话框时已经选定了文件夹，那么打开对话框后在【组】列表框中将自动显示已选定的文件夹。

● 　功能键：用于设定新建动作的快捷键。有 F2~F12 共 11 种快捷键，当选择了其中的一项后，其右边的 Shift 与 Ctrl 复选框将会被置亮，这样三者相互组合便可以产生 44 种快捷键。通常，我们不需要打开列表框来选择，而只需将要设定的快捷键在键盘上按一遍后，对话框中就会出现相应的选择结果。

● 　颜色：用于选择动作的颜色，该颜色会在【按钮模式】的【动作】面板中显示出来。

设置完成后，单击【记录】按钮，即可进入录制状态。

（5）进入录制状态后，录制动作按钮呈按下状态，且以红色显示。接下来的录制工作就显得较为简单了，只需将想录制的动作，按顺序逐一操作一遍，Photoshop 就会将这一过程录制下来。比如，要录制一个修改图像版面的动作，则只需将录制前事先打开（在录制前，需事先打开欲制作的图像，否则，Photoshop 就会将打开这一步操作也录制在动作之中）的需改动的图像执行相关的命令，而这一过程会被录制下来成为一个动作。图 13-6 所示为进入录制状态。

（6）录制完毕，单击【停止录制按钮】停止录制，一个动作的录制完成了。图 13-7 所示为录制完成的状态。

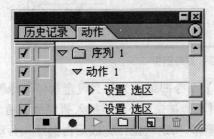

图 13-6　进入录制的状态

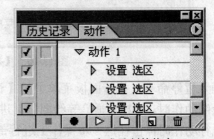

图 13-7　完成录制的状态

13.3.2　编辑动作

编辑动作的操作主要包括对动作进行复制、移动、删除、修改内容或更改名称等。以下将详细介绍如何进行这些操作。

复制动作：有两种操作方法，一是直接拖动一个动作到【新建动作】按钮上即可，如图

13-8 所示；二是在选中动作后，单击【动作】面板菜单中的【复制】命令即可。

移动动作：拖动一个动作至适当位置释放即可。

删除动作：与复制动作类似，也有两种方法，一是直接拖动一个动作到【删除动作】按钮上即可；二是在选中动作后，单击【动作】面板菜单中的【删除】命令，此时会弹出如图 13-9 所示的提示框，单击【好】按钮确认删除。

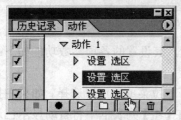 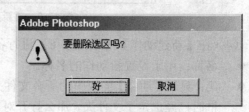

图 13-8　复制动作　　　　　　　　　　　图 13-9　删除提示框

修改动作内容：在选中要修改的动作之后，就可以开始修改动作了。

修改动作有以下几种方式：

增加录制动作：执行面板菜单中的【开始记录】命令即可。新增命令出现的位置与当前选中的动作或者命令有关。当选中的是一个动作，那么新增命令将出现在该动作命令的最后面；当选中的是动作的某一个命令，那么新增命令将出现在该命令之下。

重新录制动作：执行面板菜单中的【重新记录】命令就可以将一个选中的动作重新录制。录制时仍以原有的命令为基础，用户只需在弹出的对话框中重新设定对话框中的内容即可。

插入动作命令：执行面板菜单中的【插入菜单项目】命令就可以在选中的动作中插入想要执行的动作命令。执行该命令后会弹出如图 13-10 所示的【插入菜单项目】对话框。用鼠标在菜单中单击来指定命令，被指定的命令将出现在【菜单项】的后面，设定后单击【确定】按钮便可以将命令插入到动作中去了。

图 13-10　【插入菜单项目】对话框

插入暂停命令：执行面板菜单中的【记录停止】命令即可。为什么设定暂停命令呢？因为在录制动作时，喷枪、画笔等绘图工具进行操作时不能被录制下来，插入暂停命令后，就可以在执行动作时停留在这一步操作上进行部分手动操作，待这些操作完成后再继续执行动作命令。执行【记录停止】命令后会弹出如图 13-11 所示的【记录停止】对话框，在【信息】文本框中可以键入文本内容作为显示暂停对话框时的提示信息，动作运行到这一步时就会弹出【信息】提示框，而该提示框中便显示出设定的文本内容。

例如，在【记录停止】对话框中键入"需要手动操作吗？？"，则运行时将会弹出如图 13-12 所示的含有"需要手动操作吗？？"的提示。若选择【允许继续】复选框，则在【信息】提示框中将显示【继续】按钮，单击此按钮将允许继续执行动作后面的命令，如图 13-13 所示。

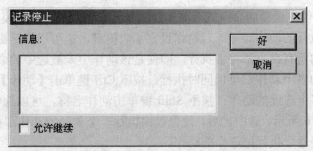

图 13-11　【记录停止】对话框

 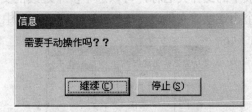

图 13-12　【信息】提示框　　　　　　　　图 13-13　选择【允许继续】复选框后

【插入路径】命令：录制动作时不能录制路径操作，而该功能便很好地解决了这个问题。首先，在【路径】面板中选定欲插入的路径名；然后，在【动作】面板中指定要插入的位置；最后，执行【动作】面板菜单中的【插入路径】命令，如图 13-14 所示，这样便可以在动作中插入一个路径。当然，如果图像中不存在路径，则不能使用【插入路径】命令。

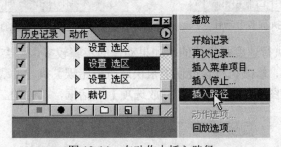

图 13-14　在动作中插入路径

更改名称：首先在【动作】面板中双击欲修改的动作名称，也可以选中之后执行面板菜单中的【序列选项】命令，弹出如图 13-15 所示的【序列选项】对话框。在【名称】文本框中键入更改的名称，单击【好】按钮更改完成。

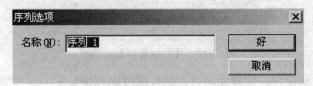

图 13-15　【序列选项】对话框

13.3.3　使用动作

动作录制并编辑好之后就可以执行该动作了。执行动作就像执行菜单命令一样简单。首先选中要执行的动作，然后单击【执行动作】按钮（▷），或者执行【动作】面板菜单中的【播放】命令，这样，动作中录制的命令就会一一自动执行。也可以在按钮模式下执行动作，只需在此模式下单击欲执行的动作即可。若动作设定了快捷键，也可用快捷键来执行动作。不过，在此模式下，动作的所有命令都将被执行，即便是该动作中未被选中的命令。

　　一个文件夹中的多个动作都可以同时执行。按下 Ctrl 键单击【动作】面板中的动作名称，可以选中文件夹中多个连续的动作；按下 Shift 键单击动作名称，可以选中文件夹中多个不连续的动作，如图 13-16 所示。选中之后，便可以像执行一个单独的动作那样执行了，Photoshop将按照面板中的次序逐一执行被选中的动作。

　　几个文件夹也可以同时执行。同执行文件夹中的多个动作一样，按下 Ctrl 键单击【动作】面板中的文件夹名称，可以选中多个连续的文件夹；按下 Shift 键单击文件夹名称，可以选中多个不连续的文件夹，如图 13-17 所示。选中之后便可以用同样的方法执行了。

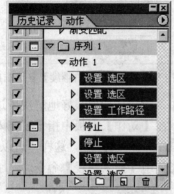

图 13-16　执行多个动作

图 13-17　执行多个文件夹

　　Photoshop 默认的执行速度是很快的，如果动作的步骤较多，就会无法确定可能会弹出的一些错误信息出自何处，修改执行速度便能很快地查出错误。执行【动作】面板菜单中的【回放选项】命令，弹出如图 13-18 所示的【回放选项】对话框，其中的三个选项介绍如下：

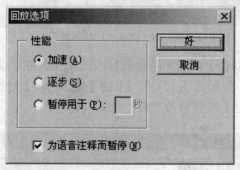

图 13-18　【回放选项】对话框

- 加速：为默认设置，选择此项时，执行速度比较快。
- 逐步：选择此项时，将在【动作】面板中以蓝色显示每一步当前所运行的操作命令。
- 暂停用于：选中此项时，允许执行每一步操作命令时暂停，其暂停时间由其后的文本框设置的数值决定，数值的变化范围是 1~60 秒。

参考文献

[1] 方晨．Photoshop CS2 中文版实例教程[M]．上海：上海科学普及出版社，2008．

[2] 柏松．中文版 Photoshop CS2 标准培训教程．上海：上海科学普及出版社，2006．

[3] 苏宁，朱丽静，赵俊峰．中文版 Photoshop CS2 实例与操作．北京：航空工业出版社，2010．